イワシとニシンの江戸時代

人と自然の関係史

武井弘一［編］

吉川弘文館

目　次

図・表目次

＊本書では、学術的な水準を保ちつつも、読みやすい表現方法にするように心がけた。そのため、史料を引用する際には、できるだけ読み下し文とし、必要に応じて現代語訳を付した。出典についても、なるべく簡略化したことをお断りしておく。

序章　本書のねらい

武井弘一

「仁魚」と称えられたイワシ

魚ハ鰯ヲ用有トシ、イカナル山ノ奥マデモ通ジ、人ヲ養ヒ穀ヲ長ジ、鯉・鯽ノ貴ク少キニハ勝レリ、是故ニ仁魚ト云リ
（『日本農書全集　第五巻』）

魚ではイワシが役にたつ。どのような山の奥までも広く行渡り、ヒトを養い、穀物を育て、価値が高くて数の少ないコイやフナよりも優れている。それゆえに、イワシは「仁魚」といえる、と。

今から三〇〇年以上も前の宝永六年（一七〇九）に、加賀国江沼郡小塩辻村（現石川県加賀市）の百姓鹿野小四郎は、農事の秘伝と生き方を子孫に遺すために『農事遺書』を著し

た。冒頭に示したのは、そのなかの一文である。それから三年後の正徳二年（一七一二）に、大坂の医師寺島良安によって編集された百科事典『和漢三才図会』には、淡水魚のコイ・フナ・アユや海水魚のタイ・マグロ・ブリなど、約一三〇種の魚が登録されている。これほど多くの魚がいるにもかかわらず、小四郎はあえてイワシを「仁魚」と称えたのだ。

イワシはマイワシ・カタクチイワシ・ウルメイワシなどの総称で、マイワシがニシン科に属しているように、ニシンの近縁種でもある。今からは想像もできないが、大海原を回遊するイワシとニシンは、江戸時代の社会を支える重要な自然であった。それはなぜなのか。すなわち、本書のねらいは、江戸時代のヒトとイワシ・ニシンとの関係を解き明かすことであり、そうすることで現在の人間社会のあり方も見つめ直すことにしたい。

さて、本書でクローズアップする江戸時代とは、一般的に慶長八年（一六〇三）に初代将軍徳川家康が江戸に幕府を開いてから、慶応三年（一八六七）に最後の一五代将軍慶喜が政権を朝廷に返すまでの約二六〇年間をさす。時代区分としては、江戸時代のことを「近世」とも表現できるので、これから本書では文脈に応じて両者を使い分けることにする。なにはともあれ、江戸時代（近世）に注目する理由から説明しよう。

人類の歴史を振り返ってみると、自然がヒトに脅威を与えてきた歴史の方がはるかに長い。地震や津波などが、その代表例としてはあげられる。人類は地震や津波といった自然がもたらす災いに悩まされ続けてきたし、今後もいつどこで襲われるかはわからない。

いっぽう、ヒトが自然をコントロールしようとし、それがある程度できるようになる歴史は、近代以降のことなので短い。それでも今の私たちは科学技術で自然をコントロールできるようになってきていることから、ヒトは自然より強い存在であると過信し、その反面、普段の暮らしからは自然より弱いヒトの側面が見えにくくなっているのかもしれない。

はたして近代以前の江戸時代はどうだったのかといえば、ヒトが自然をコントロールしようと試みるものの、それを万全にできるだけの技術力を持っていなかったので、自然からのしっぺ返しも受けていた。その具体例はすぐあとで述べることにして、ヒトが自然に対して強くもあり、弱くもあった江戸時代だからこそ、ヒトと自然との関係をとらえることによって、「生き物としてのヒト」のリアルな姿も見えてくるのではなかろうか。だからこそ、本書では江戸時代に注目するのである。

江戸時代の社会

江戸時代の動力源は、ヒト・ウマ・ウシといった人畜力や風・水といった風水力であっ

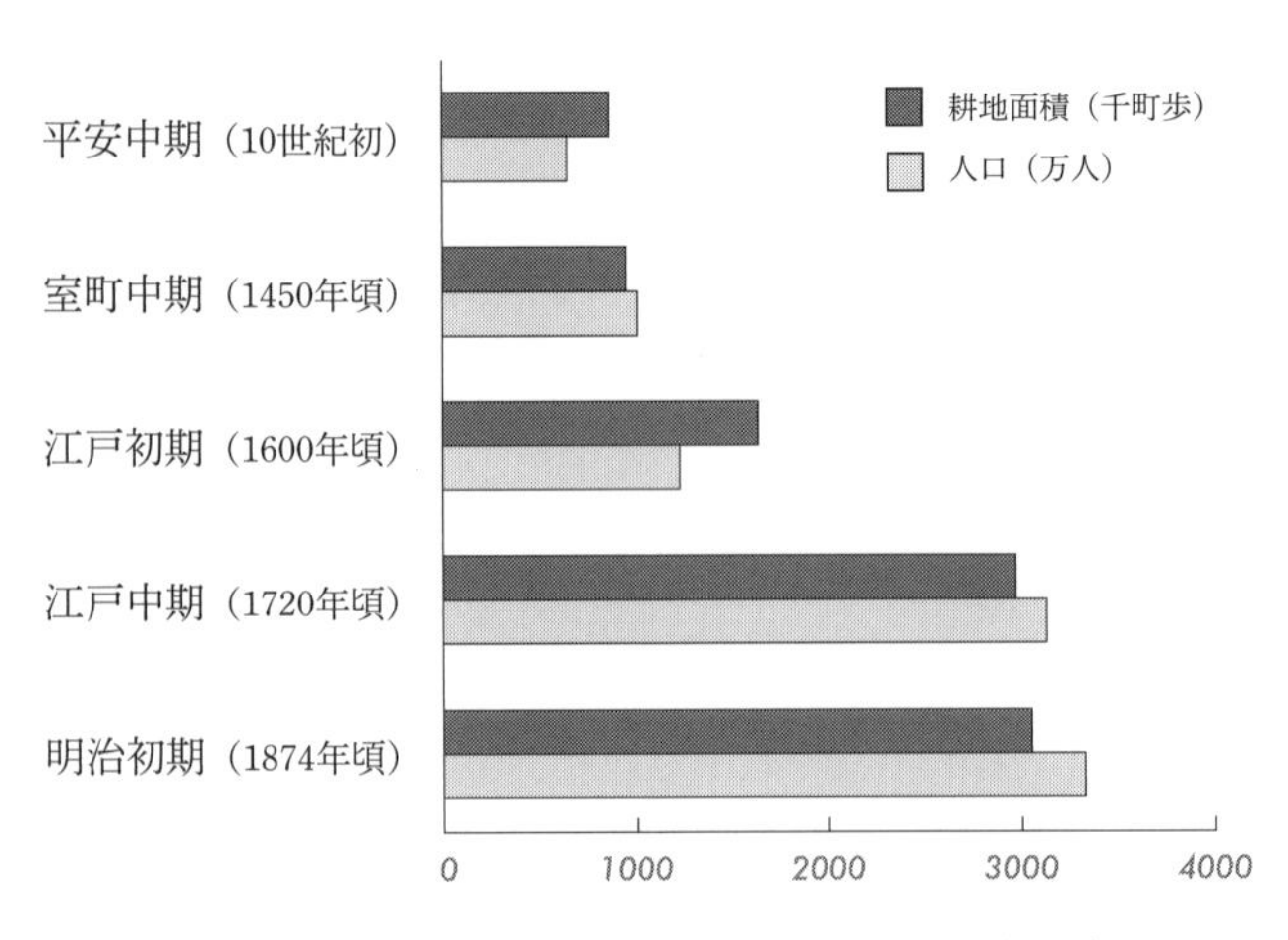

図１　明治初期までの耕地面積・人口の推移（推計）
出典：大石慎三郎『江戸時代』（中央公論社、1977年）・鬼頭宏『〔図説〕人口で見る日本史』（ＰＨＰ研究所、2007年）により作成

た。よって、江戸時代の社会は、化石燃料や原子力エネルギーに多くを依存する現在の社会とは、文明史的にはまったく異質なのである（水本二〇一三）。

人畜力・風水力といった、わずかなエネルギー源に頼っていた江戸時代には、水田稲作社会が成り立っていた。図1には明治初期までの耕地面積と人口の推移が示されている。これは推計にすぎないので、あくまで参考のひとつとして見てほしい。江戸初期以降、人びとは大地を切り拓くことに力を注いできた。新田開発である。その結果、河川の上流から下流へ向かって開発が進み、沖積平野とよばれる下流の平坦部にまで大規模な新田が造成されていった。これは、日本列島の大改造といえよう。

こうして江戸中期には耕地面積がほぼ倍増し、日本列島の歴史上、初めて一面に水田の広がる光景が出現したのだ。人びとの大半を占めていたのは百姓であり、村社会のなかで田畠を耕すなどしながら、自然に働きかけて生きていた。将軍や大名などの領主は、百姓が年貢として納める米を主たる財源としていた。もし米が増産されれば、それだけ収入も増える。家臣の給与も米を基準として支払われ、売却された米は都市などに流通して消費された。こうして一七世紀には人口も倍増するなど、米は社会が経済成長を成し遂げる一因となったのである。

ところが、列島を大改造したことによって、自然からのしっぺ返しを受けるようにもなった。たとえば、百姓は人工的に野山に草を茂らせていた。毎年、同じ耕地を使い続ければ、どうしても土地の生産力が落ちてしまう。そこで百姓は草を肥料とする草肥（くさごえ）を耕地に投入していたのである。その半面、ヒトが草山を造成したことによって、地盤が緩んで土砂崩れが起きてしまい、最悪の場合、土砂や岩石などが急激に流れ落ちる山津波が発生することもあった（水本二〇〇三）。

ほかにも、河川の流域に水田が広がったがゆえに、社会はいつ起こるかわからない水害に悩まされることになった。江戸時代の社会が「水田リスク」に巻き込まれたという見方もできよう（武井二〇一五）。

百姓の悩みの種

さらに図1を見ると、江戸中期から明治初期にかけて一世紀半も経っているにもかかわらず、耕地面積も人口も微増しているにすぎない。この頃には、どのような暮らしが営まれていたのか。ある百姓の声に耳を傾けてみよう。

越中国砺波郡下川崎村（現富山県小矢部市）で暮らした宮永正好は、江戸後期の文化一三年（一八一六）に『農業談拾遺雑録』を書きあげ、百姓が暮らしを守っていく心得などを説いた。同書のなかでは、江戸後期の社会の様相が次のように語られている。

> 太平の御世に生れしハ、朝夕何の煩ひもなく稼穡に情力を尽し、早春よりの耕耘に怠らすして其時におくれす、糞培をよくし、風虫水旱等の災なき事を念し、幸に順気相応すれハみのり恙なく、豊熟を刈取るにいたりて、誠に農家の賑ひ、余民の及ふ業ならす
>
> （『日本農書全集　第六巻』）

泰平の世に生まれれば、朝夕何ら心配することもなく農耕に励み、早春から田畠を耕す

ことを怠らず、その時節に遅れず、肥やしを多く入れ、風・虫・水・日照りなどの災いがないことを祈る。幸いにも気候が順当であれば実りには異常がなく、豊穣な作物を刈り取ることができるので、誠に百姓の賑わいは、余人にはおよぶものではない、と。

正好が平和の世を言祝ぐには理由があった。江戸前期の寛永一四年（一六三七）に島原(しまばら)・天草(あまくさ)一揆、いわゆる島原の乱が起って以降、国内では約二世紀も争乱が起こっていなかったからである。開発が停滞していても、平和の世が続いていた江戸後期では、百姓はとりたてて苦労もせず、村社会の中で農業をしながら平穏に過ごしているように思えるかもしれない。それでも、次の二つの条件を満さなければ暮らしを守れないことも、正好は示唆している。

①　肥料をよく入れること。

②　風・虫・水・日照りなどの災いがないこと。

これら二つの条件がクリアされて初めて、豊作が見込めるというのだ。このうち②は、自然がもたらす災いであるから、ヒトの力ではどうにもできない。問題なのは①であり、肥料を確保することが、江戸後期を生きる百姓にとって切実な悩みの種となった。

江戸前期であれば、百姓は人糞・厩肥(きゅうひ)、あるいは草肥などを自給しながら、なんとか肥料を確保していた。ところが、見渡す限り水田の広がった江戸中期以降には自給肥料が足りないため、百姓は村社会の外から、新たに肥料を購入せざるをえなかったのである。

「飢饉は浜より」

もし肥料が足りなくなれば凶作に陥り、それが悪化すれば飢え死にするかもしれない。百姓たちは、村社会の外からどのような肥料を手に入れていたのだろう。

一八世紀後半には、天明の飢饉（一七八三〜八四）が発生した。このときには東北地方全体で三〇万人を超える命が失われており、有史以来、日本列島上における最大級の大量死だったとみられている（菊池一九九七）。その直後の天明五年（一七八五）に、東海地方で農書『農業時の栞』が著された。百姓と老人との問答をとおして農業のあり方を伝授するという内容のなかに、次のようなやりとりがある。

> 又問、飢饉は浜より、乱は飢饉より起るといふ事ハ、いかなる道理なるや
> 答曰、干鰯漁なき事を浜のなきといふなり、ほしか漁なければ、五穀実りあしきゆゑに、ききんに成ルといふなり、五穀実少なき時ハ、飢死する者多し、故に此難をまぬかれんと、人の衣類を剝取、或ハ人を殺害して、其財宝を奪ふ故に、乱ほうに成也、

乱ハ飢饉より起るとハ此事也　（『日本農書全集　第四〇巻』）

百姓が「飢饉は浜より、乱は飢饉より起こるのはなぜか」と尋ねた。すると、老人は答えた。「干鰯漁ができないことを「浜の鳴き」と言う。干鰯漁ができなければ、五穀の実りが悪くなり飢饉に陥り、餓死する者が多い。よって、この難から逃れようと、衣類を剝ぎ取り、あるいは殺害をして財宝を奪うがゆえに乱暴になる。乱は飢饉より起こるとは、このような意味である」、と。

干鰯とは、イワシなどの魚を乾燥させて作った肥料のことをさす。冒頭で鹿野小四郎が「イワシが穀物を育てる」と称賛した理由は、まさにこの点にあったのである。干鰯にはそういうメリットがある反面、それが足りなければ凶作、飢饉、さらに戦乱が起こる原因にもなると、農書『農業時の栞』ではそのデメリットも指摘されている。もちろん、先述したように、この時点で戦争が起っていたわけではない。それでも干鰯が不足すれば社会が乱れると評されるくらい、農業と漁業は分かちがたく結びつき、干鰯は世のなかの安定に役立つ資財として広く認められていたのである（平野二〇一七）。

このように魚を原料として作った肥料を魚肥と呼ぶ。そのおもな原料として、ニシンも使われていた。だからこそ、本書では、数ある魚のなかから、魚肥のもとになったイワシとニシンに注目するのである。

食用としてのイワシ・ニシンの評判

宮永正好の父正運は、江戸後期の寛政元年（一七八九）に、農業の知識などを子孫に伝えるために『私家農業談』を著述した。そのなかで、イワシについては次のようなたとえ話をしている。

鯉・鮒ハ名魚なれとも、料理の仕様悪けれハ、鰯の味にも劣り、又鯖・鰯の下魚といへとも、塩醬の味よく煮和すれハ、佳肴と成にひとし（『日本農書全集　第六巻』）

コイやフナは上等の魚ではあるが、料理の仕方が悪いとイワシの味にも劣る。また、サバ・イワシは下級の魚とはいっても、塩や醬で良い味付けをして調理すれば、うまい料理になるのと同じである、と。

イワシは日本近海であれば、どこでも獲ることのできる大衆魚である。冒頭の小四郎は「仁魚」と称えていたのに、正運は「下魚」と評価が低い。コイやフナと比べると、イワシの評判はあまり良くなかった。

他方でニシンについては、豊後国（現大分県）出身の農学者大蔵永常が、一九世紀前半の天保期（一八三〇～四四）に著した農書『農稼肥培論』で次のようなことを語っている。ニシンは松前（現北海道松前町）の産物であり、畿内（現近畿地方の一部）・北国（現北陸地方）ではもっぱら肥やしとして使われていると前置きをしたうえで、次のように続けた。

品よき（良）ハ能洗ひ（い）、混（昆）布にて巻杯して、煮付て食し、賤民ハ酒の肴にも用ふ（う）るなり

（『日本農書全集　第六九巻』）

品質の良いモノはよく洗い、昆布で巻くなどして煮つけて食べ、貧しい者は酒の肴としても用いている、と。松前で獲られたニシンは、乾燥されて畿内・北国などへ輸送されていた。それらは肥料として大量に消費されていたが、品質が良ければ調理されて食べられていたのである。

魚に人間社会が翻弄されていた可能性

江戸中期以降、社会は肥料不足という余儀なき事情をかかえていたことから、百姓たちは喉から手がでるほどイワシやニシンを欲しがった。だが、それらが海水魚であることをふまえれば、思惑どおりには手に入れられなかったのではなかろうか。

たとえば、百姓にとって身近な自然としては、イネやウマ・ウシがあげられよう。百姓

が田んぼに苗を植えればイネは育つし、同じの屋根の下では家畜を飼うこともできる。これらはヒトの手によって、ある程度はコントロールできる自然といえる。だが、海水魚の場合、今は養殖もされているが、江戸時代では海で獲るしかない。当然ながら、豊漁もあれば不漁もある。

イワシ漁が豊凶を繰り返していたことについては、すでに一九五〇年代に指摘されていた（菊地一九五八）。それが地域社会に与えた影響についても、漁業史研究者の高橋美貴による先駆的な研究成果がある。東北地方の八戸藩では、イワシ（魚肥・魚油）は領外移出品であり、藩財政を支える重要な商品でもあった。一七世紀末〜一八世紀初めの豊漁期に網漁は急成長を遂げたものの、一八世紀半ばには不漁期に突入する。その結果、藩は網主へ資金を貸与し、あるいは豊漁祈願をするなど、漁業振興の積極策を講じざるをえなかったというのである（高橋二〇〇四）。

さらに近年では、世界の大気—海—海洋生態系の影響を受けながら、イワシが数十年単位で地球的な規模で増減を繰り返していることも判明している（川崎二〇〇九）。とすれば、村社会からほど遠い大海原を泳ぐイワシやニシンが、それ自身の生命力で増えたり減ったりし、さらにそれが村社会の内部に深い影響をおよぼしていたとしてもおかしくはない。

とりわけイワシやニシンの数が減ってしまえば、不漁→魚肥の生産量減少→魚肥の高騰→肥料不足→凶作・飢饉のように、社会不安に連鎖していったのではなかろうか。増減を繰り返すイワシやニシンによって、人間社会が翻弄されていた可能性は十分に予想される。だからこそ、江戸時代のイワシやニシンをクローズアップすれば、自然に強くもあり、弱くもあった「生き物としてのヒト」の姿も浮かびあがってくるに違いない。

本書の構成

これから本書では、基本的に、生き物そのものを示す場合には「イワシ」「ニシン」、加工されるなど、ヒトによる著しい何らかの関与があった場合には「鰯」「鰊（鯡）」と表記する。ただし、それらの使い分けは各章の執筆者に委ねられているので、厳密ではないことをお断りしておく。以下、本書の構成について説明したい。

「第一部　イワシから見た加賀藩」では、イワシの歴史について解き明かす。その舞台となるのは北陸地方に広がっていた加賀藩である。なぜ加賀藩に注目するのかといえば、江戸時代において最大の藩であり、全国有数の米どころでもあったからである。

加賀藩で生産された米が藩の財源になったのはいうまでもない。もちろん、金沢城内で消費される飯米や家臣の俸禄などとして米は支出されていた。それ以外は米市場で売買され、領内だけではなく、大坂（おおさか）（現大阪市）などの中央市場でも販売されて、藩財政を潤したのである。

肝心の肥料については、既述のごとく江戸前期には人糞や草肥などの自給肥料が使われていたが、新田開発がピークに達すると、それらが不足してしまう。そこで江戸中期以降には、干鰯などが大量に使われるようになった。

「第一章　イワシの歴史」（武井弘一）では、まずはイワシの生態や先史時代から江戸時代までのイワシの歴史を概観する。次に、気候変動とイワシの豊凶史を比較しながら、イワシがみずからの力で増減を繰り返していたのかどうかを検証し、魚肥が農業生産に与えた影響についても分析することにしたい。

加賀藩領で、とりわけイワシ漁が盛んだったのは富山湾であった。「第二章　イワシ漁と海辺の暮らし」（中村只吾）では、富山湾の漁村で、どのような漁法によってイワシが獲られていたのかを、絵図も用いながら解説する。そのうえで、漁法の技術レベルや、浮き沈みをする漁獲量に対して漁民たちがどのような行動をとったのかなど、多角的な視点からイワシ漁の特徴について追究していく。

富山湾などで獲れたイワシは、魚肥に加工されて農村に流入していった。「第三章　魚肥と藩領社会」（上田長生）では、最初に加賀藩ではどのようにして地域社会が運営されていたのかを確認する。続けて、江戸中期以降に大きくなっていく魚肥の需要に対して、地域社会が主体的にどう対応していくのか、その動きが地域社会の枠組みを超えて、はるか彼方の蝦夷地（現北海道）に波及していく過程が示される。

「第二部　イワシ・ニシンから見た蝦夷地と畿内」では、イワシだけではなく、ニシンの歴史についても明らかにする。その舞台となるのは蝦夷地と畿内である。蝦夷地にはアイヌが居住しており、ニシンは彼らなどの漁によって獲られていた。ただし、この頃の蝦夷地では農業はあまり広まっていなかったため、ニシンは日本本土へ向けて、魚肥として出荷されていた。

その最大の輸送先が畿内で、鯟魚肥は農村で大量に消費されていた。大坂という中央市場をかかえた畿内では、米だけではなく綿・菜種などの商品作物も栽培されていたので、大量の肥料を必要としていた。そのため、江戸後期になると、それまでの干鰯に代わって、鯟魚肥が急速に普及していく。これについては、加賀藩でも同じような傾向がみられた。

「第一章　ニシンの歴史」（菊池勇夫）では、はじめにニシンの生態や豊凶も含めたニシンの歴史を概説する。さらに、蝦夷地でどのような漁法によってニシンが獲られ、それがいくつもの種類の肥料に加工されて、畿内を中心とした日本各地へ流通し、消費されていくまでの大きな見取り図を描きだす。

畿内において、魚肥はどのように流通して消費されていたのか。その実態については、「第二章　畿内の肥料取引と農村」(高槻泰郎)で説明する。具体的には、琵琶湖東岸地域の農村を事例にしながら、肥料取引をめぐる農村と市場経済との関わりについて論じる。そうして浮かびあがってくるのは、小作人を抱えた農業経営に腐心する地主の姿なのであった。

畿内とその周辺に大量に流通していった魚肥をめぐって、領主・百姓・肥料商の攻防が繰り広げられていく。「第三章　肥料と近世国家と国訴」(白川部達夫)では、百姓たちが主体的に訴願をする国訴(こくそ)が大規模に展開した文政期(一八一八〜三〇)に注目する。結果として、文政期は肥料をめぐる転換期であり、魚肥問題が国訴へ連動していくことが明かされる。

以上をふまえて、本書の成果をまとめたものが「終章　本書の成果と今後の展望」(武井弘一)である。本書の総括をするだけではなく、近代以降のイワシ・ニシンや肥料の歴史的変遷を追っていく。最後には、江戸時代のヒトと自然との関係をとおして、今後も人類が地球上で生き延びていくための歴史学の課題についても言及することにしたい。

〈参考文献〉

川崎　健『イワシと気候変動』（岩波書店、二〇〇九年）
菊池勇夫『近世の飢饉』（吉川弘文館、一九九七年）
菊地利夫「九十九里浜イワシ漁業の豊凶交替と新田・納屋集落の成立との関係」（『新地理』七―二、一九五八年）
高橋美貴「八戸藩の漁業政策と漁乞」（地方史研究協議会編『歴史と風土』雄山閣、二〇〇四年）
武井弘一『江戸日本の転換点』（NHK出版、二〇一五年）
平野哲也「干鰯と農業」（『歴史と地理』七一〇、二〇一七年）
水本邦彦『草山の語る近世』（山川出版社、二〇〇三年）
水本邦彦「人と自然の近世」（同編『環境の日本史四　人々の営みと近世の自然』吉川弘文館、二〇一三年）

第Ｉ部

イワシから見た加賀藩

第一章　イワシの歴史

武井　弘一

1　イワシとヒトとの関わり

イワシの生態

これから第一章の主人公として登場するのは、イワシの一種であるマイワシである。まずは、そのプロフィールから紹介したい（平本一九九六）。

イワシは骨格が硬い硬骨魚類（こうこつぎょるい）で、背骨は硬いものの、鰭（ひれ）はやわらかくて小骨が多い。世界中に三〇〇種以上もあるといわれており、図1には、イワシの代表的な仲間を示した。マイワシは、ニシンやサッパと同じニシン亜科に属している。いっぽう、カタクチイワシはカタクチイワシ科、ウルメイワシはウルメイワシ亜科、コノシロはコノシロ亜科に属す。

マイワシとカタクチイワシを比べてみると、図1からは、なによりも大きさの違いが見てとれる。マイワシは体長が二四㌢に達するのに対して、カタクチイワシはその半分ほど

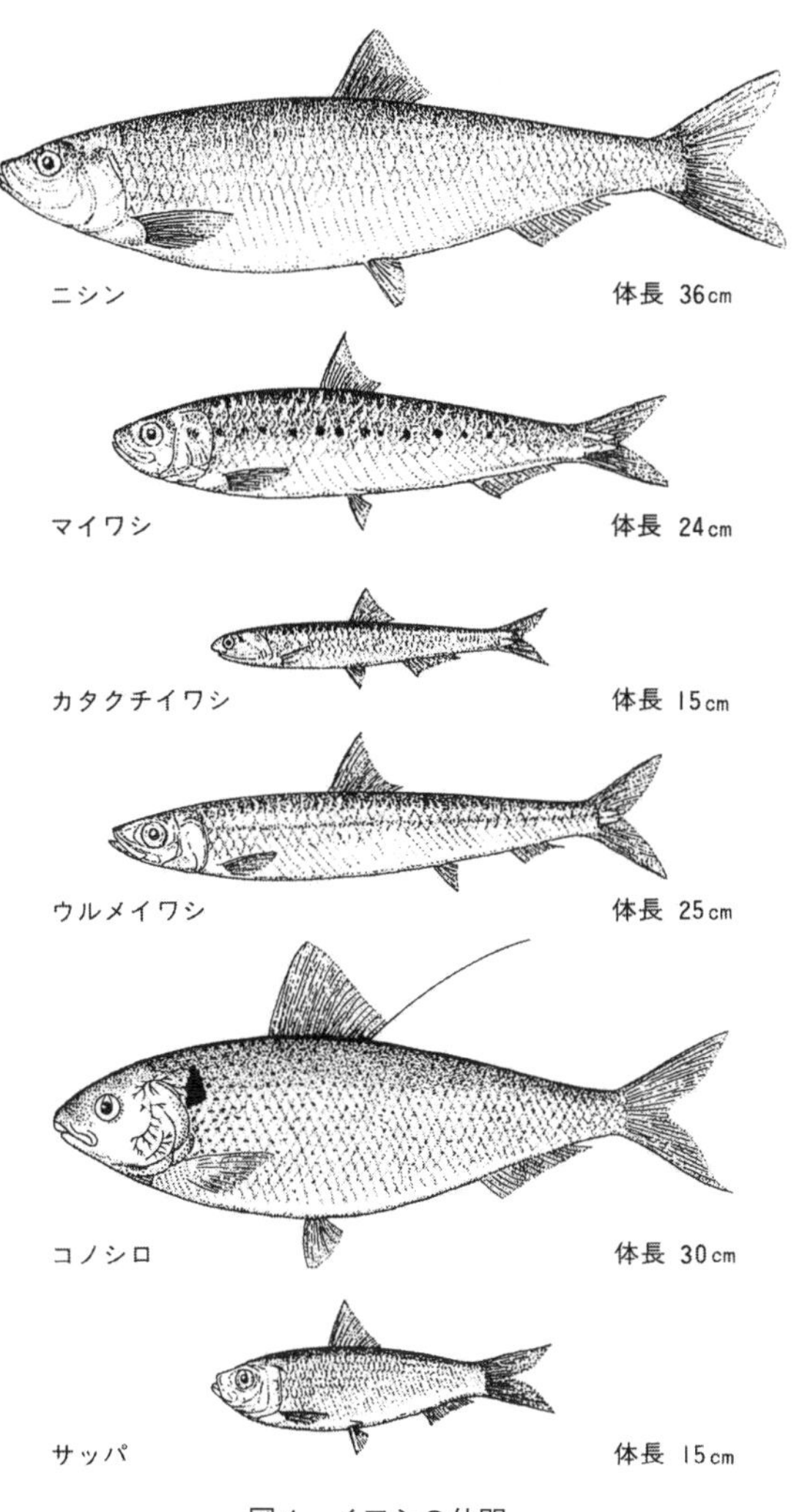

図1　イワシの仲間
出典：平本1996より転載

しか大きくならない。頭に注目すると、カタクチイワシよりマイワシの方が、体に占める割合が大きい。回遊できる範囲も、マイワシはカタクチイワシのおよそ二倍におよぶ。よって、マイワシは、その兄弟とみなされているカタクチイワシ・ウルメイワシよりも、じつはニシン・サッパの方に近い。

次に、マイワシのライフサイクルをおさえておく（外山一九八九）。年平均水温一〇〜二〇度の温帯域の海でマイワシは生きている。日本近海では、早ければ一一、一二月に産卵することもあるが、主たる産卵期は春の二〜四月である。その場所は太平洋側一帯の沿岸域だけではなく日本海側にもあり、たとえば能登（のと）半島周辺も産卵場となっている。

春に孵化した稚魚は、それから夏にかけて幼魚として育つ。沿岸域で活発に動植物プランクトンをとり、体長六〜一二センチの小羽（こば）イワシに成長する。夏に丸々と太り、年末には体長一四センチ以上の中羽（ちゅうば）イワシになる。一一、一二月に産卵するのは、この中羽イワシとみられている。夏に太らないと、翌年の春に成熟することはできない。

二年目以降では、春に産卵したあとがもっとも体が細り、夏かけて太り、それから秋にかけて痩せていく。体長一八センチ以上の大羽（おおば）イワシに成長するためには二、三年を要す。鱗（うろこ）から年輪を調べると、八年も生きているケースがあるそうだ。

縄文時代〜中世

これから本章で「イワシ」と記されている場合は、基本的にはマイワシのことをさす。日本近海のイワシは、どのような漁によってヒトに獲られ、食べられるようになったのか。

縄文貝塚から出土する回遊魚をみると、北海道ではニシン・ホッケ・タラなどが、津軽海峡以南ではイワシがもっとも多い。おおまかな傾向として、北日本では種類が少ないものの、ニシンのように大きな群れをなして泳ぐ魚が集中的に出土する。逆に、南日本では種類が豊富であるけれども、それぞれの種類ごとの出土量は少ない。縄文時代早期（約一万年〜六〇〇〇年前）初めの東京湾口部では、イワシもふくめて、いろいろな方法で漁撈を行う集団が存在していた（樋泉二〇一四）。

それがどのような方法だったのかといえば、イワシの場合は、船から網ですくわないと獲ることができない。網そのものは全国でもまだ出土例が少ないものの、網の錘（おもり）、木や軽石製の浮子（うき）が存在していることなどをふまえれば、網が広く使用されていたとみなせるという（松井二〇〇五）。

古代にはいると、イワシとヒトとの関わりが、より深まったことがわかる。いくつか例をあげると、平城京跡から出土した木簡のなかには、税として運ばれた「比志古鰯」の荷札があった。一〇世紀前半に成立した漢和辞書『和名類聚抄』によれば、イワシは「鰯」と「比志古鰯」に区分されており、それぞれマイワシとカタクチイワシとみなされている。干し鰯、鰯のなれずし、醤鰯などが記された文献もある。醤鰯とは魚醤のたぐいらしい（松井ほか一九九四）。

中世の都市遺跡の一つに、瀬戸内海に開けた港町として草戸千軒町遺跡（現広島県福山市）がある。ここからの魚の出土品としてはマダイが圧倒的に多く、スズキがそれに続く。住民たちが大型の魚を賞味していたことの表れといえよう。いっぽう、イワシなどの小型の魚の出土量は意外に少ない（松井二〇〇五）。これはイワシが食べられなかったというよりは、むしろその骨が残らなかったと考えた方がよいだろう。なぜなら、瀬戸内海の商品流通の実態を伝える史料『兵庫北関入船納帳』には、「小鰯」などが取り引きされていることが散見されるからだ。

近世初期には、網漁に革新がおこった。網の錘に縄を通す穴のサイズが小型化したからである。要するに、これは網の目がより細かくなっただけではなく、小さな魚を大量に獲ることが可能となったことを意味している。ヒトが魚を一網打尽にする時代が始まったのである（松井二〇〇五）。その代表な魚がイワシであることはいうまでもない。

近世（江戸時代）

網でおびただしく獲られるようになったとはいっても、イワシが生で食べられる時間はきわめて短い。血合いが多く、マグロやタイなどに比べると、うま味となるイノシン酸の分解や脂肪の酸化が速いので、腐りやすいからである（平本一九九六）。そこでイワシは乾燥されることによって、ヒトの利用に供された。

むろん、干されたイワシは食用にもなったが、近世にはいると肥料として脚光をあびた。人糞や厩肥などのような自給肥料に比べると、肥料として作物にあたえる効果が高かったからである。それに大量に獲られるので、イワシの価格は安い。中世末から畿内でしだいに干鰯が使われるようになり、一六世紀末以降は綿・菜種などの商品作物の肥料として需要が伸びていった。

その需要にこたえるべく、大量のイワシを求めて、畿内の漁民は西へ向かうだけではなく、黒潮に乗って東の方へも移動していった。こうして地曳網でイワシが浜に引きあげられて、干鰯生産の一大拠点となったのが房総半島の九十九里浜（現千葉県）である。港町の一つ銚子（現千葉県銚子市）の漁民に注目してみると、紀伊国（現和歌山県・三重県）から移住してきたという言い伝えの家が多く、一七世紀後半から一八世紀前半にかけての数十年間に移ってきたという。畿内とその近国での肥料不足が〝干鰯ラッシュ〟を巻き起こしたのである（井奥二〇〇三）。全国的にみれば、その頃は新田開発がピークに達しようとしていたときであり、自給肥料が不足していたこともあいまって、田んぼの肥料としても干鰯の注目度が高くなっていた。

無数のイワシが肥料として製されるにあたり、房総半島では次の方法で加工されていた（館山市立博物館二〇一四）。ひとつは、なんといっても干鰯である。水揚げされた生のイワシをそのまま海沿いに敷き詰めて、天日で乾かすだけで作ることができる。安房国（現千葉県）で獲れたイワシは干鰯としておもに加工され、江戸後期では「身は薄いが品質が良い」と評判だった。

もうひとつは〆粕である。これを製造するにあたっては、はじめに生のイワシを釜で煮たあとに油を搾る。それが魚油であり、行灯用などの安価な油として消費されていた。その油を搾ったあとの残り滓が〆粕なのであり、ブロック状の塊を砕いて出荷され、干鰯よりも価格が高かった。なお、柏崎浦（現千葉県館山市）では、イワシの近縁種であるコノシロも〆粕に加工されていた（図1参照）。

2　気候変動とイワシ漁

レジーム・シフト

漁業には大漁もあれば、不漁もある。後者については、漁法や天候などに左右されることもあるが、大量に獲りすぎたがゆえに、魚の数が減ってしまって不漁に陥るという根強い見解がある。現在では船や機器の性能が格段にあがり、それにともない漁獲能力も高まっているので、それは必然の成り行きなのかもしれない。

しかし、近年、魚と漁業との関係を考えるうえで、ある理論が注目されている。レジーム・シフトである。これは「世界の大気と海と海洋生態系は、一つのシステムとして、数十年の時間スケールで調和のとれた変動をしている」という理論のことをさす。たとえば、魚の数は、地球環境システムを構成する一部として、数十年のタイムスケールで変動している。この変動のリズムを壊さない範囲内で獲れば魚を持続的に利用できるものの、その反面で変動のリズムを壊すように獲ってしまえば乱獲に陥ってしまう（川崎二〇〇九）。

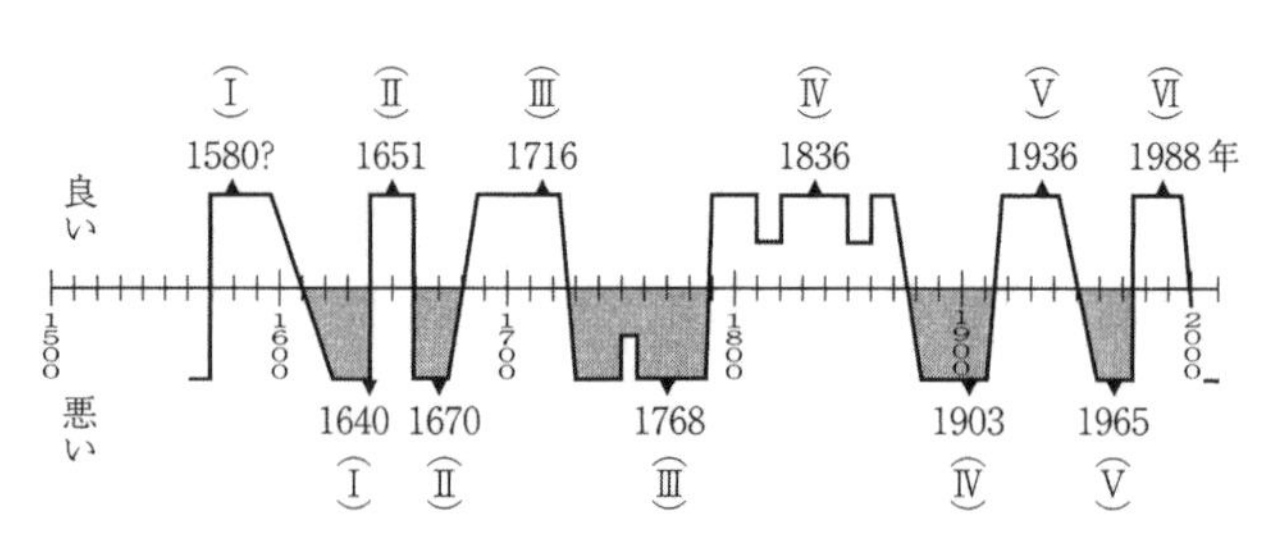

図2　日本のマイワシ漁業の豊凶史
出典：川崎 2009 より転載

よって、漁獲能力が高まった現在では魚の変動のリズムが壊されていることが、不漁の一因とみなせよう。だが、それ以前はどうだったのか。図2には、房総半島を中心にした太平洋沿岸のイワシの豊凶史を示した。定まった周期ではなく、数十年の不定期なタイムスケールでイワシが豊漁と不漁を繰り返していることが見てとれる。

これに関して、漁業史研究者の高橋美貴の洞察力は鋭かった。自然地理学の視点から、一万年にわたる世界各地の自然環境の変化を概説した鈴木秀夫の研究がある（鈴木二〇〇〇）。その成果にもとづきながら、一七世紀後半以降については、おおよそ寒冷期にイワシ漁が好調、温暖期に不調というように、気候変動とイワシ漁のリズムが合致していると指摘したのである（高橋二〇一五）。これは大気―海―海洋生態系を一つのシステムとみなす、レジーム・シフトとも符合している。

それでも未解決の課題が残されている。図2に示されているのは、房総半島を中心にした豊凶史なのである。日本近海全域で、このような豊凶のリズムを繰り返していたのかについては、いまだに実証されてはいない。

それに気候変動とイワシ漁のリズムが、本当に重なっているのかについては疑問の余地がある。周知のように江戸時代は小氷期下にあり、寒冷期の代表例としては大飢饉に見舞われた天明期（一七八一〜八九）があげられる。図2をあらためて見ると、その時期は明らかに不漁であった。とすれば、前述した寒冷期にイワシ漁が好調であったという見解とは矛盾をきたすのではなかろうか。

そこで日本列島において、太平洋沿岸の房総半島とは反対側に位置する、日本海沿岸の加賀藩領をクローズアップすることによって、気候変動とイワシ漁との関係を検証してみたい。

天明期

加賀藩の領土は、北陸地方の加賀・能登・越中の三ヵ国に広がり、石高約一〇三万石の近世最大の藩といえる。先述したように、日本海側では能登半島の周辺海域にイワシの産卵場があった。つまり、加賀藩は絶好のイワシの漁場をかかえていたのである。

ここでの気候変動とイワシ漁との関係については、次のような先見性のある研究成果がだされている（深井・田上一九九八）。越中国氷見町（現富山県氷見市）では、江戸後期の文政（一八一八〜三〇）末から安政期（一八五四〜六〇）にかけては全体的に寒冷で、その期間中にイワシ漁は豊凶を繰り返していたこと、その内訳をみると厳寒期は不漁で、豊漁期はほどほどに寒冷であったことが明らかにされている（第Ⅰ部第二章参照）。この成果に学びつつ、再検証をする意味もこめて、もっと長いタイムスパンで気候変動とイワシ漁との関係をとらえてみることにしよう。

まずは、寒冷だった天明期のイワシ漁はどうだったのか。富山湾に面する越中国灘浦付近（現氷見市）では、天明四年（一七八四）一〇月に村同士の争論が起こった。その際に、窪・岩上の村役人たちは、不漁が続くため、ここ二〇年ばかりはきわめて難渋をしており、当秋にようやく「小鰯」が現れたものの、隣村も漁をしているので今年も不漁だったと嘆いている（氷見市立博物館編『陸田家文書　その一』）。前述したイワシの生態をふまえれば、秋には中羽イワシに成長していてもおかしくないのに、ようやく現れたのは小羽イワシだった。それほどの漁業不振が続いていたのである。

富山湾の近辺で生産された干鰯は、農村へ運ばれて肥料として用いられていた。けれども、他国へ移出されていたことなどもあり、干鰯が高騰して農村では足りない。そこで翌五年一二月に、藩は領内の干鰯を残らず買い上げて各郡に貸与することにした。これは小農ではなく、中層以上の百姓への貸し付けをねらったものの、売買が不自由になったことで、かえって干鰯が農村へ出回らなくなってしまう。そこで翌年正月には中止に追い込まれた（高瀬一九七七）。

　このように天明期にはイワシ漁は低迷していたのである。その後の動きをみると、寛政四年（一七九二）正月に、加賀藩領の浦々では干鰯が過分に作られている場所があると、藩は報告をうけている（宇ノ気町史編纂委員会編『石川県宇ノ気町史』）。よって、寛政期にはいるとイワシ漁は回復したのだろう。なお、これは図2の豊凶史の波と一致している。

文化期～天保初年

文化期（一八〇四～一八）から天保（一八三〇～四四）初年にかけての気候を確認しておくと、まず文化期は温暖だった（武井二〇二〇）。

続けて、図3には、加賀藩の儒者金子鶴村が書き綴った『鶴村日記（坐右日録）』から、文政期～天保初年の気候を示した。文政期の前半をみると、同三～七年の晴の出現割合は

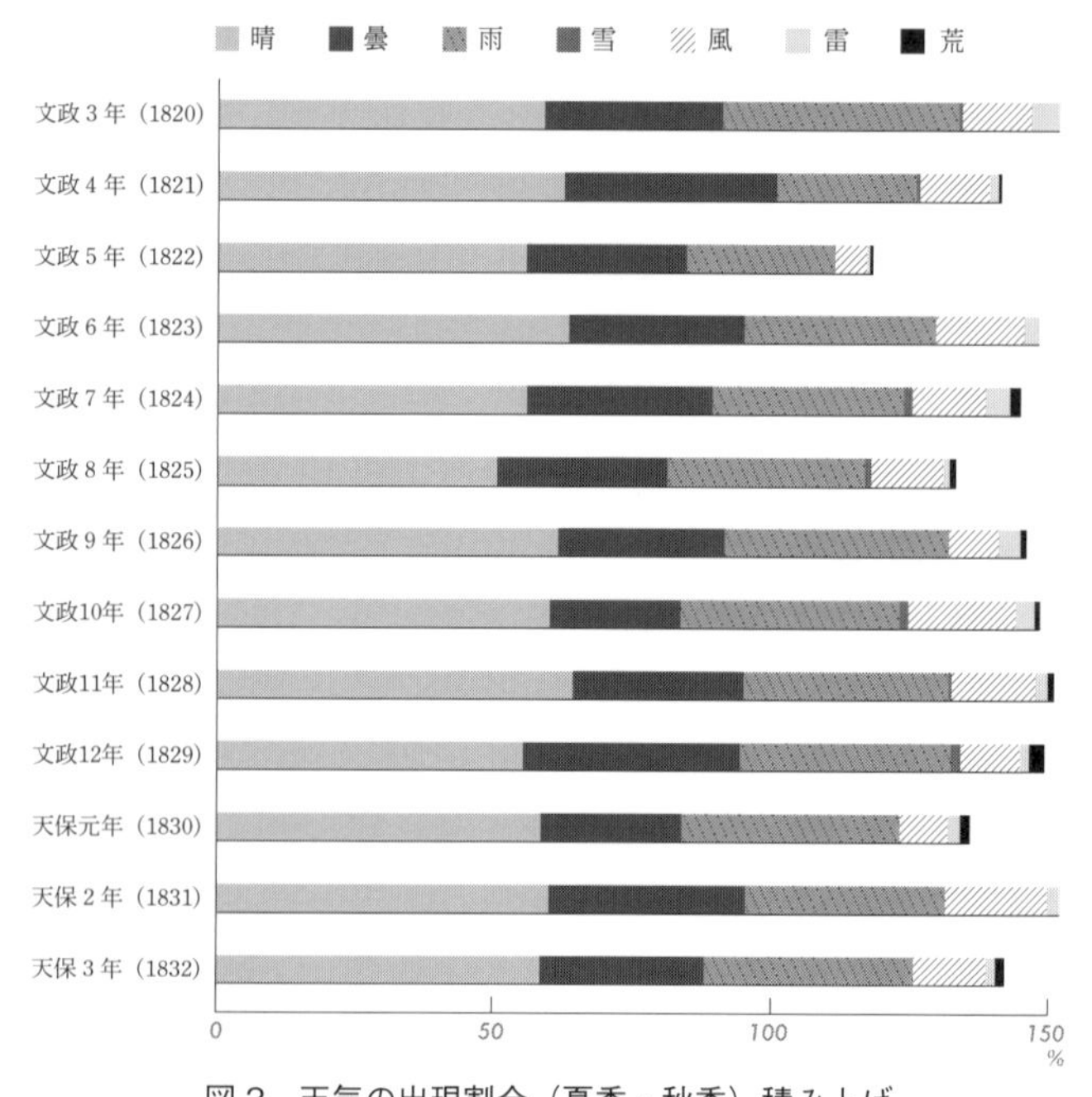

図３　天気の出現割合（夏季・秋季）積み上げ
出典：『鶴村日記　中・下編』（石川県図書館協会、1976・78年）により作成

六割前後であり、そのうち同四、五年の雨の出現割合は、それぞれ二五％、二六％と極端に少ない。このことは、文政期の前半が温暖だったことを表していよう。

文政期の後半をみると、同六年以降は雨が降った日が多く、その割合は三四〜四〇％におよぶ。『鶴村日記』によれば、文政七年五月二四日は一日をとおして風が寒かったので、鶴村は綿入れを着ていたそうだ。このように文政期後半が冷夏・長雨だったのに対して、天保元年からの三年間は約六割も晴の日が続く。『鶴村日記』には、天保二年八月六日付で、先月二一日頃から雨がさっぱり降らず、土は灰のようで、草も枯れるくらいだったと記されている。よって、天保初年には、ふたたび温暖になったとみてよい。

他方で、イワシ漁はどうだったのか。『鶴村日記』には、鶴村がイワシを買ったときの値段が書かれていることがある。彼は、春は一〇尾、夏以降は一升を単位として買うことが多かった。文化五年四月一三日には一〇尾＝一三〜一五文で、昨今は小鰯も多くて一升＝（約一・八リットル）＝二五文くらいで取引されているとの記述がある。これをふまえて、一升＝二〇尾と仮定して、一〇尾あたりのイワシの最安値を表1に示した。

一覧すれば、文化四年から天保七年まで、春と夏以降に関係なく買われていることから、豊漁だったことがわかる。なぜなら、イワシは干鰯にすることが優先されていたので、不漁ならば食用に供されるはずがないからだ。最安値の平均は約一六文である。たとえば、文政九年と天保七年は二〇文なので、その値段を上回っている。それでも『鶴村日記』には、文政九年九月二八日と天保七年四月一九日には「いわし多く来る」と記されているので、安定して供給されていたことがわかる。この二〇文をひとつの目安とすれば、文政三年前後のイワシはやや豊漁で、それ以外は豊漁だったとみなせよう。

表1　イワシの最安値（10尾あたりの推計）

年　代	春（文）	夏以降（文）	最安値（文）
文化4年（1807）		9.0	9.0
文化5年（1808）	12.5	12.5	12.5
文化6年（1809）		19.0	19.0
文化7年（1810）	20.0		20.0
文化9年（1812）	18.0	10.0	10.0
文化10年（1813）	7.0	17.5	7.0
文政3年（1820）	40.0		40.0
文政5年（1822）		17.5	17.5
文政6年（1823）	18.0		18.0
文政9年（1826）		20.0	20.0
文政12年（1829）	3.0		3.0
天保元年（1830）	9.0	12.0	9.0
天保2年（1831）	12.5	7.0	7.0
天保3年（1832）	20.0		20.0
天保7年（1836）		20.0	20.0
平　均	16.0	14.5	15.5

出典：前掲『鶴村日記　上・中・下編』により作成
註）1升＝20尾と仮定して計算。

これまでの内容をふまえれば、気候変動とイワシ漁との相関関係は、次のようにおおまかに整理できる。

天　明　期＝寒冷＝イワシ不漁
文　化　期＝温暖＝イワシ豊漁
文政期前半＝温暖＝イワシやや豊漁
文政期後半＝寒冷＝イワシ豊漁
天保初年＝温暖＝イワシ豊漁

イワシの豊凶史については、これもまた図2のリズムとほぼ重なっている。他方で、気候変動とイワシ豊凶史の波は、必ずしも一致しているわけではない。それどころか、寒い時期にイワシ漁は好調であるとみなされていたのに、寒冷だった天明期は不漁で、同じように寒冷だったとみられる文政期後半は豊漁だった。よって、気候変動と連動するのではなく、イワシはそれ自身の生命力で、日本近海で増減を繰り返していたとみてよいだろう。

3　イワシと農村

不足していく自給肥料

加賀藩は全国有数の米どころであり、ここで産出された米は領内で消費されるだけではなく、全国市場の中心であった大坂などでも売却されて藩財政を潤していた。前述したように石高は約一〇三万石で、それ以外にも新田開発によって石高は増加した。

江戸時代をつうじて開発された新田は約三五万石にもおよぶ。全体的にみれば、新田高は一七世紀と幕末に増えている。そのうち、一七世紀初めから元禄一一年（一六九八）にかけての新田高は合計で二九万石弱で、全体に占める割合は約八三％にも達する（木越二〇〇〇）。江戸前期の一七世紀は、まさに加賀藩においても新田開発の時代であったことがわかる。

だが、耕地面積がピークに達した一八世紀にはいると、耕地を広げようとしても、そういう土地が少ない。もともと百姓は、自給肥料である草を手に入れるため、山にそのまま草を茂らせていた。その草山までもが、耕地として開発されていったのである。これは耕地が増えるものの、自給肥料が不足するというジレンマを生じさせることになった（水本二〇〇三）。

自給肥料が不足した百姓は、村の外部から新たな肥料を手に入れるしかない。江戸中期の享保一七年（一七三二）のことではあるが、越中国砺波（となみ）郡から藩に対して、貞享期（一六八四～八八）の頃から少しずつ新田で干鰯を施すようになり、使い勝手が良いので、しだいに古田でも使うようになったと報告されている（高瀬一九七七）。加賀藩領では、新田開発がピークに達しようとしていた一七世紀後半に、干鰯が使われるようになったのである。

それから一四年後の延享三年（一七四六）に、藩は砺波郡に以下のことを命じた（高瀬一九七七）。百姓が土屎（つちごえ）・草屎（くさごえ）などの準備をすることもせずに、郡内では残らず干鰯が買われているため、その費用が過分になっている。年ごとに土質も悪くなり、困窮もしている。今、干鰯の使用を止めてしまえば、村々の作柄は良くなり、生活を維持することもできる、と。「屎」は一般的には「こやし」「こえ」と読み、「土屎・草屎」とは土や草を用いた自給肥料のことをさす。江戸中期になると、百姓たちは自給肥料ではなく、あえて干鰯を選んで使用していた。

干鰯が選ばれる理由

それにしても、コストのかからない自給肥料ではなく、金銭を出すまでして、なぜ百姓は干鰯を使うようになったのだろう。砺波平野に居住して、江戸中期に加賀藩の村役人を務めた富農に宮永正運がいる。寛政元年（一七八九）に彼が著した農書『私家農業談』には、その理由が次のように明快に説かれていた（『日本農書全集　第六巻』）。

近年、加賀藩領の百姓は不精になっており、自給肥料の出来も悪くなっている。富農は労することを嫌い、自分の土地を小作に出して、わずかな手作りしかしていない。小農もこれを見習い、牛馬を飼うこともなく、昔と違って土屎・草屎の用意もしない。耕作地も狭いので肥料となる藁・糠も得られず、灰や人馬の糞なども減っている。だから、持ち運びやすい干鰯を過剰に使うようになっているのだ、と。

自給肥料は腐熟するまで時間がかかり、それを用意するには手間暇がかかる。これに比べたら、干鰯は買うだけで済むし、なんといっても持ち運びやすいというのだ。砺波郡で干鰯が普及していた頃、加賀国江沼郡の百姓鹿野小四郎は、宝永六年（一七〇九）に農書『農事遺書』を執筆している。同書では、水田に投じる肥料の効能が次のように数量化されていた（『日本農書全集　第五巻』）。

干鰯一俵（粉一斗五升）＝人糞二一駄七分半＝壺土三五駄＝踏土四五駄

一駄とはウマ一頭に負わせる荷物の量のこと、壺土・踏土とは土を腐らせるなどして作った自給肥料のことをさす。干鰯の粉一斗五升とは二七リットルにあたるので、同じ効能を得るために、干鰯の使用量が圧倒的に少ないのは一目瞭然である。なお、『農事遺書』によれば、自給肥料と比べたら、干鰯の匂いというのは、香木として珍重されていた伽羅のようなものだったという。

重くて悪臭が漂う自給肥料を使うよりも、たしかに干鰯の方が使い勝手が良いし、肥料としての効果も高い。イワシという海の自然に外部依存することで農業経営が維持されているものの、イワシ漁が豊凶を繰り返すので、それによって干鰯代も浮き沈みする。結果として、天明期はイワシが不漁だったことから干鰯のコストも高くなり、それが百姓経営を圧迫していたのだろう。この難局を少しでもクリアするために、『私家農業談』をとおして、正運は次のような提案をした。

農家が第一に持つべきものは牛馬である。昔と比べると、近年の当国の百姓は飼育数を減らし、そのため牛馬で運んで用意をしていた草屎・土糞の量もおのずと減り、干鰯・油粕（かす）・灰などの肥料を買うことに経費を多くかけている。豊作の年であったとしても、米穀を売って肥料代を支払わなければならず、ついには年貢が不足する原因にもなっている、と。

干鰯リスク

正運が家畜を飼う元来の農業経営への復古を唱えた、その社会的な背景とは何だったのだろう。表2には家畜の増減率を示した。加賀藩領では、ウシよりもウマの方が圧倒的に多く飼われていたことが読みとれる。そのウマに注目してみると、宝暦五年（一七五五）から明治四年（一八七一）までの約一二〇年間で、能登国では七割ほどに、加賀国ではだいたい半分に、越中国では三割未満にまで減っていた。

ウマの数が減少したことによって、村々では自給肥料を運べないどころか、厩肥を得ることもできなくなり、肥料を購入することによって対処するしかない（高沢一九六七）。江戸中期以降、加賀藩領では、村社会の内部で富農と小農との両極分解が進んでいく。いわゆる農民層分解（分化）である。ウマを手放した小農たちは厩肥を得られないので、干鰯を買う分だけ貯えが細っていくのは必然のことである。

表2　加賀藩領の家畜の増減率

国名	郡名	家畜	宝暦5年（1755）	明治4年（1871）	増減率（％）
加賀	河北	ウマ	2,529	1,413	55.9
		ウシ	9	21	233.3
	石川	ウマ	2,091	866	41.4
		ウシ	539	599	111.1
	能美	ウマ	1,923	792	41.2
		ウシ	37	286	773.0
越中	新川	ウマ	6,064	862	14.2
		ウシ	941	524	55.7
	射水	ウマ	2,812	808	28.7
		ウシ	11	26	236.4
	砺波	ウマ	6,367	1,851	29.1
		ウシ	384	301	78.4
能登	口	ウマ	6,026	4,578	76.0
		ウシ	349	245	70.2
	奥	ウマ	9,550	6,326	66.2
		ウシ	2,385	3,414	143.1

出典：金沢市立玉川図書館近世史料館編『温故集録　2』（金沢市立玉川図書館近世史料館、2005年）・金沢市史編さん委員会編『金沢市史　資料編9』（金沢市、2002年）により作成

註1）ウマ・ウシの単位は疋。

註2）増減率（％）＝明治4年（1871）／宝暦5年（1755）*100。

そして何より干鰯は、肥料としての効果が高いとはいえ、土壌を衰えさせるデメリットもあわせもつ。ヒトや家畜の排泄物には、肥料の主要三要素（窒素・リン・カリウム）がまんべんなく含まれている。他方でイワシ・ニシンなどの干魚であれば、含有量がもっとも多いのが窒素、ついでリンで、カリウムは不足している（尾和ほか二〇〇六）。

既述のように、延享三年に藩は、干鰯の使用によって土質が悪くなっていることを問題視していた。その裏には、このようなカリウム不足があったことは想像に難くない。そればかりか、低温、日照不足、雨、あるいは窒素肥料が多いときには、いもち病が発症しやすい（農文協二〇〇五）。江戸中後期の加賀藩領は凶作に悩まされることになるが、それは冷

夏・長雨であったことにくわえて、窒素を多く含んだ干鰯が田んぼに投入されていたことにも一因があったといえよう。

すなわち、農民層分解によって、家畜を手放した百姓は厩肥を失ってしまい、干鰯を得るためにイワシという海の自然に外部依存しなければならなかった。こうして、干鰯を買う分だけ貯えが細り、土壌がカリウム不足に陥るなどの農業経営の矛盾も生じた。けれども、資産が乏しい小農はウマを飼うことができず、元の経営に戻りたくても戻れない。だから、やむなく干鰯を購入し続けるしかない。

そういう百姓の暮らしとはほど遠い大海原で、イワシはそれ自身の生命力で増減を繰り返していた。イワシが減って不漁に陥れば干鰯代が高くなり、百姓にとっての手痛い出費も増えていく。これはイワシにヒトが翻弄されていた一面を示していよう。このような農業経営上のジレンマを克服するため、新たにスポットライトをあびたのがニシンなのであり、蝦夷(えぞ)地で生産された鰊魚肥が、江戸後期から急速に農村へ出回っていくことになる（第Ⅰ部第三章・第Ⅱ部第一章章参照）。

〈参考文献〉

井奥成彦「出稼ぎ漁と干鰯」（『〈新訂増補〉週刊朝日百科　日本の歴史近世Ⅰ―七』朝日新聞社、二〇〇三年）
尾和尚人ほか六名編『肥料の事典』（朝倉書店、二〇〇六年）
川崎　健『イワシと気候変動』（岩波書店、二〇〇九年）
木越隆三『織豊期検地と石高の研究』（桂書房、二〇〇〇年）
鈴木秀夫『気候変化と人間』（大明堂、二〇〇〇年）
高沢裕一「多肥集約化と小農民経営の自立（上）（下）」（『史林』五〇―一・二、一九六七年）
高瀬　保「加賀藩における魚肥の普及」（『日本歴史』三五四、一九七七年）
高橋美貴「漁業史研究と水産資源変動」（荒武賢一朗・太田光俊・木下光生編『日本史学のフロンティア二　列島の社会を問い直す』法政大学出版局、二〇一五年）
武井弘一「文化期の気候と加賀藩農政」（鎌谷かおる・佐藤大介編『気候変動から読みなおす日本史六　近世の列島を俯瞰する』臨川書店、二〇二〇年）
館山市立博物館編『平成二五年度特別展　安房の干鰯』（館山市立博物館、二〇一四年）
樋泉岳二「漁撈の対象」（今村啓爾・泉拓良編『講座日本の考古学四　縄文時代（下）』青木書店、二〇一四年）
外山健三編著『イワシとその利用』（成山堂書店、一九八九年）
農文協編『原色　作物病害虫百科　第二版　一　イネ』（農山漁村文化協会、二〇〇五年）

平本紀久雄『イワシの自然誌』（中央公論社、一九九六年）
深井甚三・田上善夫「天保飢饉期、越中氷見町の漁況と漁民」（『社会経済史学』六三―五、一九九八年）
松井　章・金原正明・金原正子「トイレの考古学」（田中琢・佐原真編『発掘を科学する』岩波書店、一九九四年）
松井　章『環境考古学への招待』（岩波書店、二〇〇五年）
水本邦彦『草山の語る近世』（山川出版社、二〇〇三年）

第二章　イワシ漁と海辺の暮らし

中村　只吾

1　富山湾といえばイワシ？

当所鰯猟この節中絶なく過分に捕り揚げ申し候、もっとも当浦に限らず能州浦、東浦も過分至極とりあげ、干加(ほしか)の数はかりがたく、当所も干場せまく島村の下までも干し並べ、近辺里方より過分の女子・児共等干場へ罷り越し、銭もふけつかまつり候と申すこと、まず阿尾(あお)の城跡より太田浜・朝日田面らまで鰯一面にござ候、およそ今日まで七十日ばかりも鰯とり続けにござ候、これまで覚え申さざる仕合せと申し候

（児島清文・伏脇紀夫編『応響雑記(おうきょうざっき)』文政二年二月一九日条）

これは江戸時代後期、越中(えっちゅう)国氷見(ひみ)町のとある町人による日記の記述である。氷見に限

らず、隣り合う能登国に至るまでイワシが大変な豊漁で、魚肥としての「干加」（干鰯）にするのに地元だけでは干場が足らず、他所にまで干さねばならないほどであった。その作業のためであろう、近辺の里方からは、たくさんの女性や子どもがやってきた。広範囲にわたってイワシが一面に干し並べられた光景が広がり、今日まで七〇日間ほども獲り続けている、とのこと。当時、豊漁により地域がイワシ一色となっていた様子をうかがうことができる。

江戸時代のイワシ漁といえば、房総地方、九十九里を思い浮かべる読者も多いかもしれない。先進的なイワシ漁の技術を携えた関西の漁民が列島の東西に出漁したことで、その漁業技術も各地に広まり、九十九里などの著名なイワシ漁業地域も生まれていった。漁法としては、地曳網、八手網、船曳網、任せ網、四艘張網、棒受網、揚繰網、台網など、各地の漁場の条件や用途に応じてさまざまであった。代表的なのは、房総地方でも行われていた地曳網と八手網であった（阿部ほか二〇二〇）。

ただし、本書で注目するのは有名な九十九里ではない。九十九里の位置する太平洋側とは反対、日本海側の北陸地域である。詳しくは後述するが、江戸時代において、この北陸でもイワシは盛んに獲られていた。その方法は台網や曳網（引網、地曳網）であった。ここ

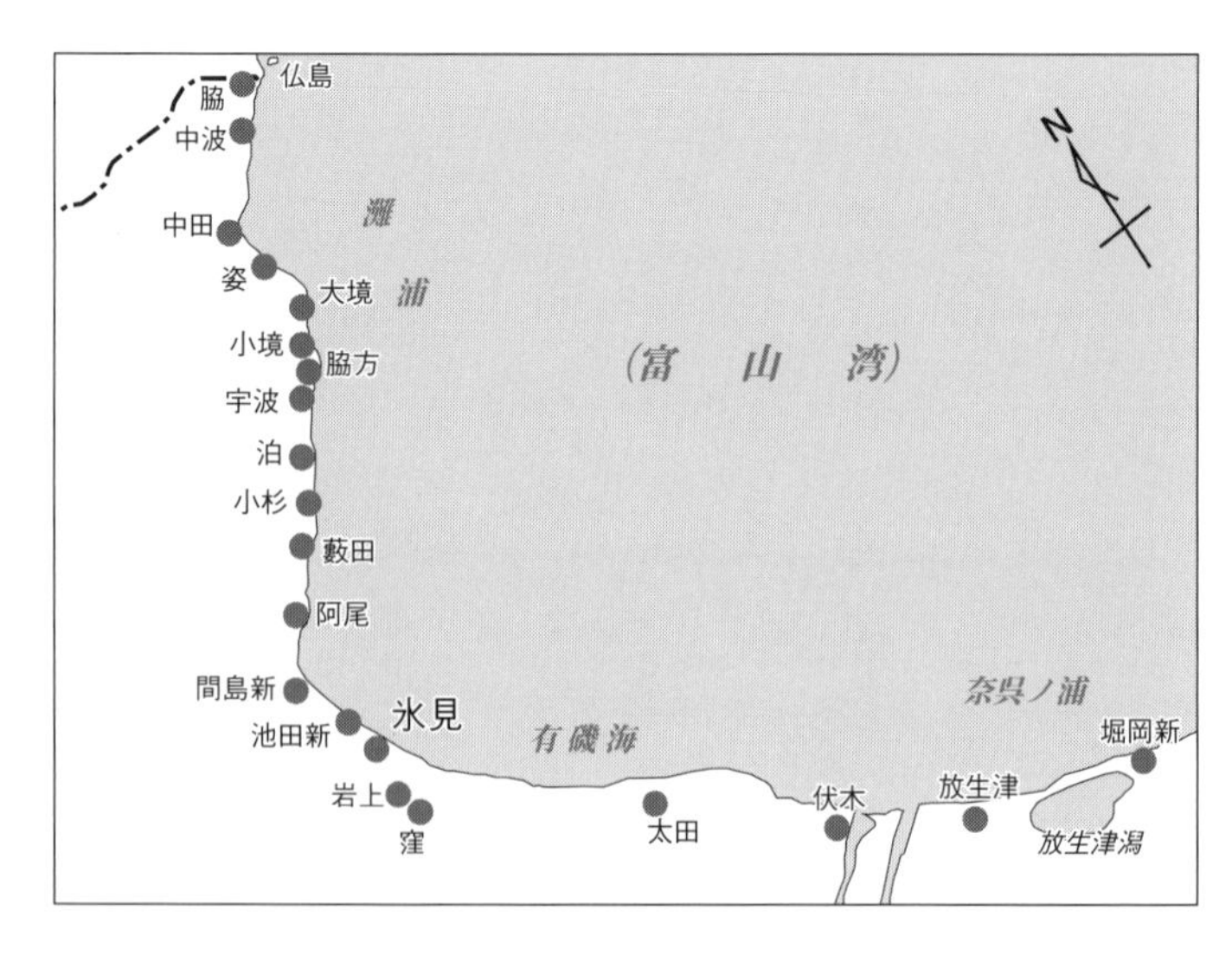

図1　氷見地域周辺図
出典：羽原1953に掲載の図を元に作成（地形には江戸時代当時と異なる部分がある）

では、江戸時代後期の北陸、それもとくに現在の富山県西部、氷見市域の沿岸部（以下、本章では氷見地域と呼ぶ）に注目し、当時のイワシ漁の様子をみてみよう。より細かくいえば、とくに、氷見町（氷見浦）、灘浦（脇村、中波村、中田村、姿村、大境村、小境村、脇方村、宇波村、泊村、小杉村、藪田村、阿尾村、間島新村、池田新村の一四ヵ村からなる）、窪村、岩上村といった江戸時代の町村をとりあげる（図1）。

富山湾といえば昔も今も冬のブリのイメージが強いかもしれない。しかし、イワシも無視できない存在だったのである。魚肥としての重要性のみならず、食品としても価値が見出されており、「氷見鰯」は江戸近辺にも知られる、ちょっとした名物にもなっていたようである（小境一九九七・二〇〇六）。

2　イワシ漁の方法

右に述べたとおり、江戸時代の氷見地域において、イワシは台網や曳網（引網、地曳網）などによって獲られていた。まずは、いくつかの先行研究や史料をもとにしながら、それらの漁法の概要をまとめておこう。

台網漁

台網は、定置網の一種である。江戸時代のものは主に藁を素材にした藁台網であった。大きくは身網と垣網という二種の網で構成され、魚道（魚の回遊路）に設置して魚群を垣網で身網へ誘導して捕らえるのがその仕組であった。さらには、海岸から沖へと垣網で複数の身網を連結して敷設され、各網は岸から沖へ向かって「本岸」「二番」「三番」と番号が付けられた。本岸よりも岸側、そのさらに岸側に敷設される場合もあり、それぞれ「小岸」「又小岸」と呼ばれた。それら本岸を起点として連接された網群を「通統」や「岸」

などといい、土地の名称などを付けて何通統、何岸と呼ばれた。同じ通統で隣接する台網の間隔を「沖手合（おきてあい）」、異なる通統同士の場合には「横手合（よこてあい）」といった。地先海面には、複数の通統・岸が並び、さらに各通統・岸が本岸から沖へと延びる、そうした漁場の構成になっていた。この漁は富山湾内へ回遊してくる回遊魚を対象とし、魚種と漁期により、秋網・夏網・春網の三種に大別され、総称して「三季網」とも呼ばれた。対象となる魚が秋網はブリ、夏網はマグロで、そして春網がイワシであった。対象となる魚群によって海岸からの距離、水深、海底の状況、潮流などから捕獲に最適の場所が網場（あみば）（漁場）とされた（上野二〇〇四、小境一九九七・二〇〇六、氷見市史編さん委員会二〇〇六、図2・図3）。

網の構造材のほとんどが藁縄のため長期的な耐久性はなかったこと、三種の網ごとに操業主や操業権が異なること、対象魚種による漁期や網の構造の違いから、網は一季ごとに掛け替えられた（氷見市史編さん委員会二〇〇六）。漁期が終わるたびに浮子から切り落とされ、海に沈んだ網は、海中でゆっくりと分解されるうちにプランクトンが発生し、漁礁の役割を果たした（氷見市立博物館二〇一七）。

網の種類ごとにサイズや構造に違いがあり、一例として灘浦における春網の場合、身網が口幅約四〇尋（ひろ）（約六四メートル。一尋約一・六メートルとした場合。以下同じ）、長さ約五〇尋（約八〇メートル）、垣網が五五尋（約八八メートル）から二〇〇尋（約三二〇メートル）あまりであった。春網と夏網の垣網は、秋網と異なり身網の網口の中央に「中台」という浮子を設置し、そこから岸に垣網が延ばされたため、魚群は潮上・潮下の両方向から身網に誘導される仕組みであった（氷見市立博物館二〇一七）。

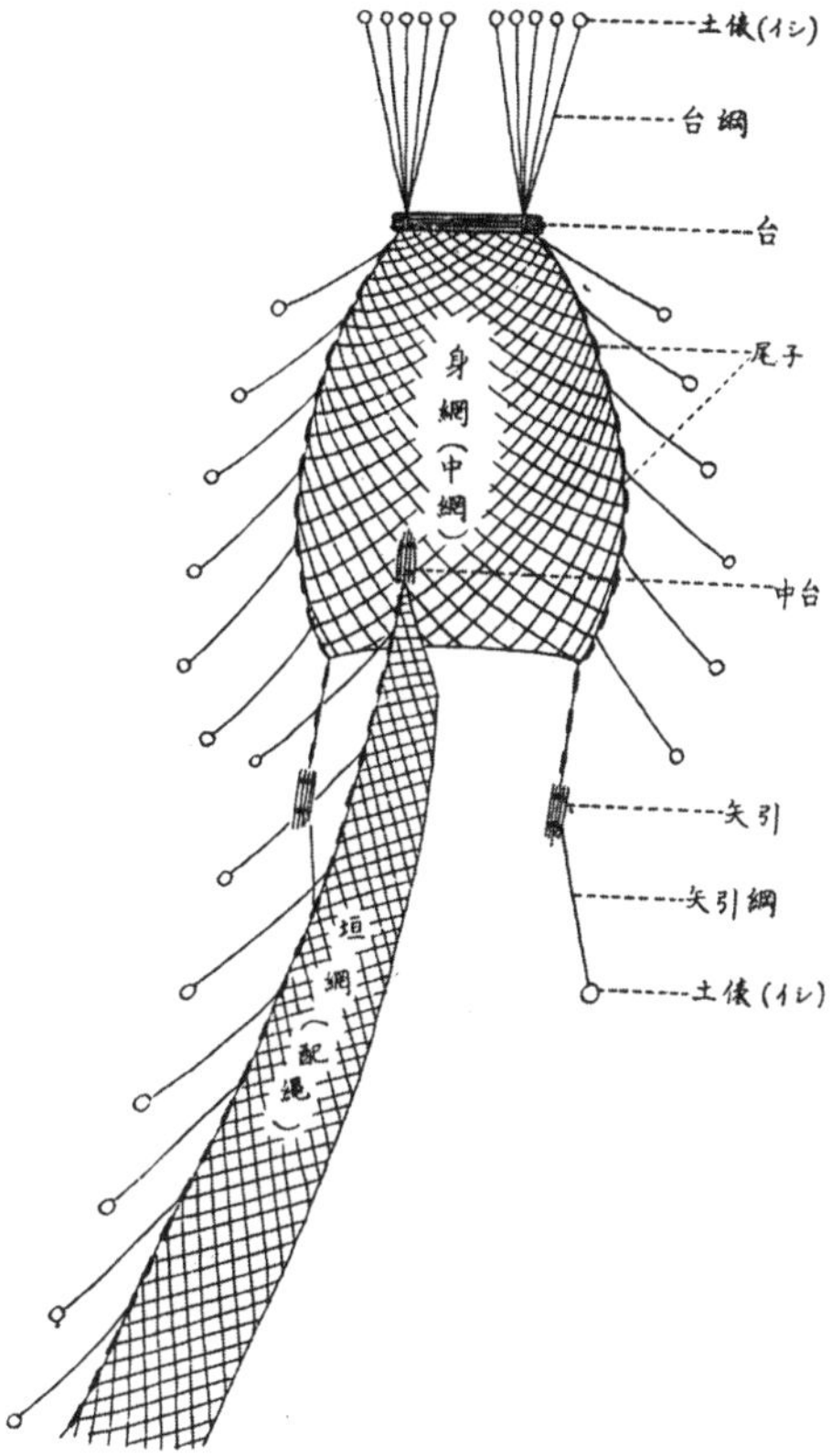

図２　灘浦の春網
出典：山口 1973 より転載

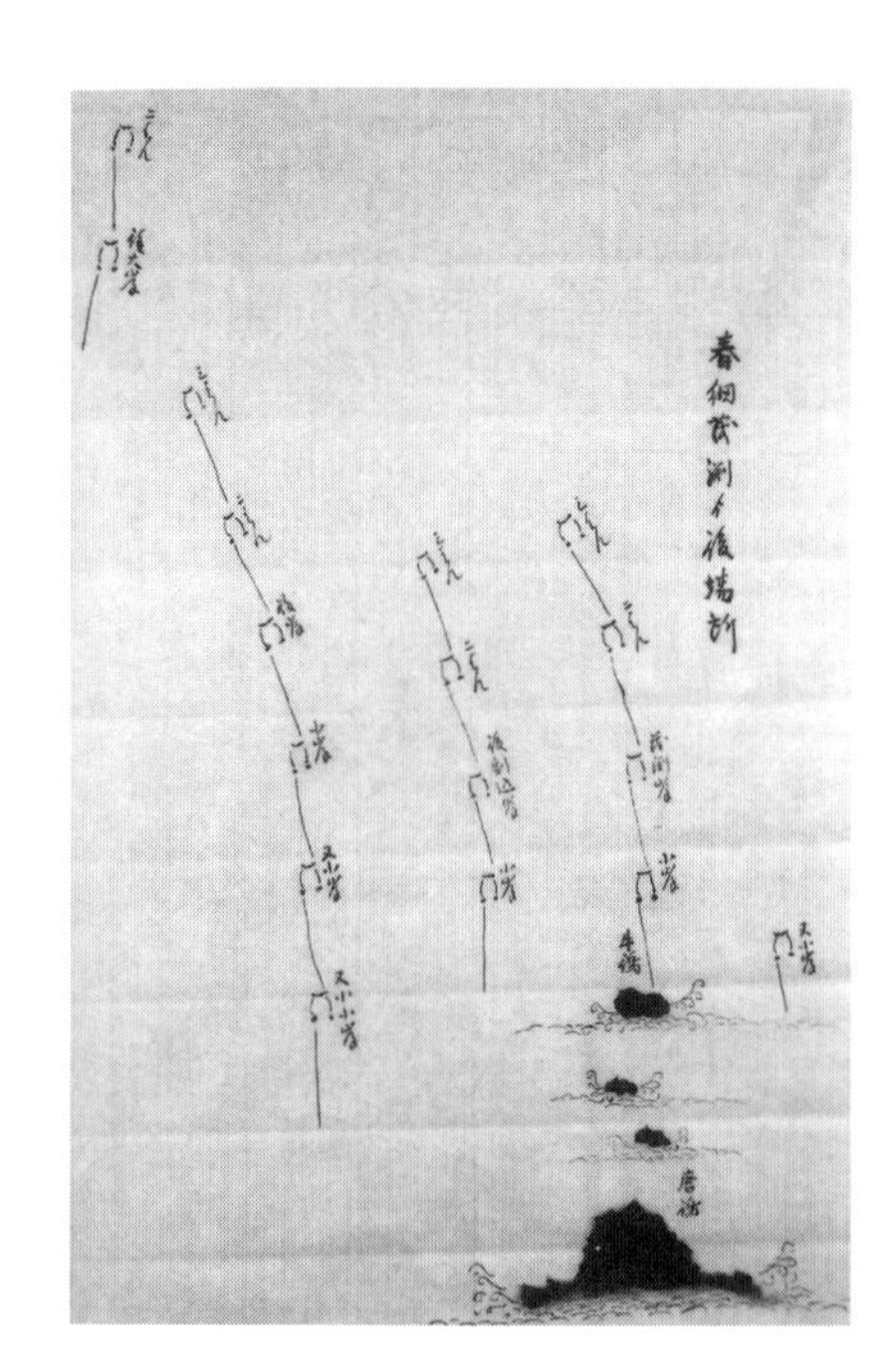

図３　氷見浦の春網張立に関する絵図
出典：右から「茂渕岸」「後割込岸」「後岸」「後大岸」という四つの通統の台網の位置関係が描かれている（氷見市立博物館所蔵中村屋文書）。

網場の敷設位置は、「山目」や「山だめ」といわれる方法で定められていた。海上から見える遠くの山などの目印と、それよりも手前の目印（森や寺など）とを見通した線を二本仮定し（網場によっては線の増減あり）、その交点の水深である「辻本」（筒本、塚本）を特定することによって確認するものである（上野二〇〇四、小境一九九七・二〇〇六、氷見市史編さん委員会二〇〇六）。慶応三年（一八六七）の「来春網闔場等定書上申帳」という定書には、各春網の場所が記されており、たとえば、岸網という網場の本岸の設置位置については、「辻本廿壱尋半、山目は夢坂と阿尾村吉左衛門家の真中と見合わせ、この山目より四拾尋上の方へ引き上がり卸し申すべし」という表現で示されている（山口一九七三）。夢坂という場所と、阿尾村の吉左衛門家の真中とを見合わせた場所であり、そこから四〇尋（約六四メートル）上がった「辻本」すなわち水深が二一尋半（約三四・四メートル）の場所、ということのようである。夢坂や阿尾村の吉左衛門家など、当事者らが認識しやすい目印が記されているのだと考えられる。

曳網漁

氷見地域の浦々では、曳網が江戸時代前期から行われてきた。江戸時代のこの地域では、窪村と岩上村という特定の村が広範囲にわたって、二代藩主前田利長（まえだとしなが）による保証を由緒とする特権的操業権を有していたのが特徴的である。両村は能登境の仏島（ほとけじま）から太田浦の岩崎にいたる範囲を漁場としていた。この範囲のうち、岩礁がある場所や、台網が設置されている場所を除いて磯漁ができる海域のほとんどが両村の占有漁場となっていた。両村は、台網などのためにイワシなどの漁獲が十分に確保できないとして、他村の台網の操業権を買い取ることで、魚道の確保やさらなる漁場の拡大をはかっていった（氷見市史編さん委員会二〇〇六）。

江戸時代中期になると、農業技術の発達とともに干鰯の生産も増大し、沿岸の各村や町

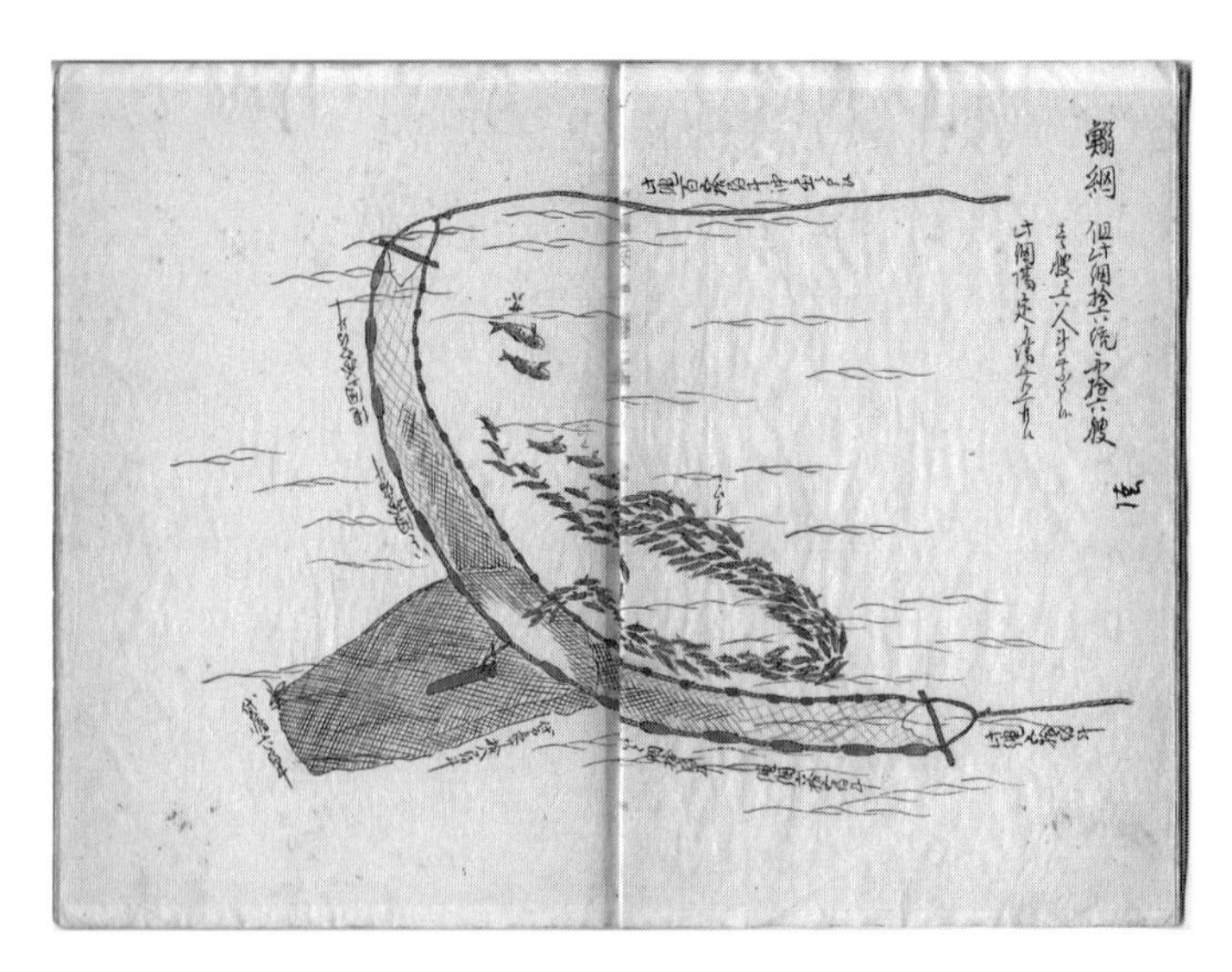

図４　魚津浦の鰯網
出典:「越中魚津猟業図絵」におけるイワシ曳網の図（石川県立図書館所蔵森田文庫）

からイワシの漁獲を見込んだ指網、引網などの操業願いが出されるようになり、窪・岩上両村との間でしばしば争論が生じた。両村は、利長から保証された漁場であり、他村による網漁が漁獲量に影響し役銀上納が困難になると訴えたところ、多くの場合、新規網漁の操業願いは却下されたり許可されても取り消されたりという結果になった。その他の争論も経ながら、両村による広域漁場の独占性は強められていき、他から不満を抱かれながらも、操業権は維持されていった。江戸時代後期にはさらに干鰯需要が増大し、村々からイワシ漁獲のため新規の引網や指網の操業願いが頻繁に出されるようになり、一部、操業許可が出されたものもあった（氷見市史編さん委員会二〇〇六、図4）。

その他の網漁

当地のイワシ漁は主に台網と曳網であり、台網では冬から春にかけて、曳網では春秋に漁があった（小境一九九七・二〇〇六）。ただし、その他の網でも獲られてはいた。たとえば、窪村の袴長ケ指網六統（はかまたけさしあみ・とう）によって、春にイワシが獲られていた。天明二年（一七八二）には沖でイワシなどを獲る「はちだ網」「はちた巻網」（八田巻網）が阿尾村で導入され、操業願いが出された。これは沖で操業する手繰網の一種で、幅二一尋（約三三・六メートル）、長さ九〇尋（約一四四メートル）であった。下総（しもうさ）・上総（かずさ）国の銚子浦辺りにおける「はちだ巻網」と称する白苧糸網によるイワシ漁をもとに、天明二年に阿尾村の数名で網を仕立てたという。江戸時代中後期、浦方の村々では魚肥のためのイワシなどの漁獲の増大を目指し、台網や曳網のほか、新しい網の導入や技術革新が図られたのである。それは、農業技術の革新にともなう魚肥需要の高まりと連動した動きであった（氷見市史編さん委員会二〇〇六）。

3　イワシ漁のある暮らし

右のようなイワシ漁の概要をふまえたうえで、ここからは、そうしたイワシ漁が、当時の人々の暮らしの中にどのように位置づいていたのかをみてみよう。幸いにして、それを知るのに適した古記録が残されている。田中屋権右衛門という氷見町人による『応響雑記』という日記である。田中屋権右衛門は、江戸時代後期の氷見南上町において蔵宿業を営み、算用聞、町肝煎、町年寄などの町役人もつとめた人物である。彼が記した文政一〇年（一八二七）から安政六年（一八五九）にわたる『応響雑記』六二巻が残されている。その内容としては、私生活上の事柄や毎日の気象、氷見町の政治・経済・文化に関することなどさまざまである。そうした中に、漁業や漁民の様子に関することも数多くみられる（小境一九八九）。

本章の冒頭に引用したのも、この日記の内容である。以下、主にこの日記をもとに、イワシ漁の模様や人々の暮らしとの関係をみていこう。なお、前節で紹介した漁法のうち、三季の台網の一種である春網と関連した話が主になる。

変動する漁獲状況

『応響雑記』には、氷見町の漁況についての記述も豊富にみられる。それらをもとに江戸時代後期の一定期間の漁況を整理・分析した先行研究がある。イワシ漁に関する内容を中心に、その内容を紹介しよう。表1は、文政一〇年~安政五年における、秋網（ブリ）、春網（イワシ）、夏網（マグロ他）の漁況がまとめられたものである。夏網の場合、安政期を

表1　氷見町における文政10年～安政5年の漁況

	秋網（ブリ）		春網（イワシ）		夏網（マグロ他）
文政10年（1827）	○		欠		欠
11（1828）	○				
12（1829）	×		○		
天保元年（1830）			○		
2（1831）	×		○		
3（1832）	×				○
4（1833）		凶	×	豊	
5（1834）	○				×
6（1835）	×				
7（1836）	×		○		
8（1837）			×		
9（1838）	○		×		×
10（1839）	○	豊		凶	×
11（1840）	○		×		○
12（1841）	欠		○		×
13（1842）	○		×		×
14（1843）			○		
弘化元年（1844）	×		○		×
2（1845）				豊	×
3（1846）	○				
4（1847）	○		○		
嘉永元年（1848）	×				
2（1849）			×		×
3（1850）	×				
4（1851）	×	凶	欠	凶	欠
5（1852）	×				
6（1853）	欠		欠		欠
安政元年（1854）	×		×		
2（1855）			×		○
3（1856）	×		×		○
4（1857）	×				○
5（1858）			×		○

※○は豊漁年、×は不漁年、欠は欠本
出典：氷見市史編さん委員会2006より転載（一部改変）。

除いて天保期以降は不漁期であり、秋網と春網は表1の期間中、豊漁と不漁の時期を繰り返し、どちらも一定期間続いていた。加えて、秋網と春網の豊漁期が重なることは少なく、しばしば、一方が豊漁の時は一方が不漁という関係になっていることがみられる（氷見市史編さん委員会二〇〇六、深井二〇一六）。

日本近海のイワシの産卵場は、関東沖、足摺（あしずり）沖、薩南沖、北九州沖、能登沖の五か所にあり、日本列島を軸として時計回りに主産卵場が移動し、豊・不漁を繰り返すとみられている（坪井一九八七・八八）。外房沖で漁獲される太平洋系群は天保から増加し元治年間に豊漁とピークとなる関係上、氷見地域を含めた日本海系群では減少期であり、全体的に不漁期であったと推定される。ただし、表1のとおり、豊漁であった時期がみられるのであり、全体的な傾向とは別に、局所的に豊漁となることもあったといえる。また、豊漁期よりも不漁期のほうが漁業期間の寒気は厳しく、そうした気候の変化と漁況との関連もみられる（深井二〇一六）。

以上が、『応響雑記』からうかがえるイワシ漁況の概要である。加えて、弘化四年（一八四七）と嘉永二年（一八四九）の日記の内容から、個々の具体的な様子をみておこう。まずは、弘化四年の豊漁についてである。

追々左義帳（さぎちょう）焚き申す体、もっとも浦方は鰤猟過分にて遅く夜明頃焚き申す由、当春鰯猟過分にござ候て、にぎやかにござ候

（弘化四年正月一四日条）

灘浦筋鰯猟これ有り、干鰯（カ※）の人立にてにぎやかにござ候、当春は氷見浦ならびに灘方鰯猟久々にて仰山これ有り、軽き者等甚だ潤い候由めでたきことにござ候

（同年正月一六日条）

今日も鰯あい替わらずとれ申し候、この二・三日前鰯猟四・五日絶え申し候ところ、又々大鰯（ママ）にござ候、この頃まで干加十万ばかり出来候よう、二十年ばかりこれ無き大猟にて甚だ町方潤い申し候

（同年正月晦日条）

かつ又当春已来稀なる鰯大猟につき、火の元の義御口達書御直筆をもって御渡しござ候、去る暮已来の鰯大猟、氷見・灘浦の外他所にはこれ無き由にて、直段よろしく尚々潤い申す体なり

（同年二月一〇日条）

この頃中鰯猟あゆの風にてとれ申さざる由に候えども、鰯絶え申さざる体、簀干し・地干し等もはや場所これ無きにつき、わらにて顋（アキト）をつなぎ、はざ干しに仰山懸け並べ、誠に稀なる大猟にござ候

（同年二月一三日条）

この頃中やはり鰯猟これ有り、もっとも先日ほどにはこれ無く、網も一統皆々はとれ

申さざる由に候えども、やはり絶え申さざる由なり（同年二月二九日条）

※カタカナの振り仮名は原本にあるもの。以下同様。

右のとおり、弘化四年正〜二月の部分にイワシの大漁に関する記述がみられる。弘化三年の暮れ以来のことであり、氷見浦、灘浦のみの局所的な豊漁であったらしい。当地の「軽き者」（百姓、町人その他下々の者）らが潤うような大漁が続いた。干鰯にするために簀に並べる「簀干し」や地面に直接撒く「地干し」などをしていき、場所がなくなると、藁で「顋」（アゴ、エラ）をつないだものを「はざ干し」（稲架干し）にしていくほどの大漁であった。ちなみに、正月一六日条では「干鰯」、同晦日条では「干加」と表記されている。当地において両者には区別があったようである。少々紛らわしいことながら、「干鰯」は、本章の最初に述べた「氷見鰯」、食品としての「ひいわし」（丸干し）のことで、あらかじめイワシを塩水に漬けた後に乾燥させる塩干しを示し、「干加」がいわゆる肥料としての「ほしか」で、一切塩をあてずに水揚げ後そのまま天日干しするものを示した。食品としての「氷見鰯」も広く知られた名産品であったものの、生産量としては肥料としての「干加」のほうが圧倒的であった（小境一九九七）。ただし、正月一六日条の「干鰯」には「カ」という振り仮名がみられるため（原本に記されている）、「ひいわし」ではなく、「ほしか」のことをいっているのかもしれない。

続いて、嘉永二年二〜四月の記事をみてみよう。

先頃已来不猟至極、鰯壱ツこれ無く浦方等不景気至極、もっとも他浦も同事の由承り申し候（嘉永二年二月一一日）

去年夏網已来三数納不猟、別して当春網不猟至極、近年覚え申さざることゆえ浦方夏網仕入御貸米外に急難の取りはからい方等、先日已来日々あい願い候につき、同役文三郎殿、肝煎久左衛門殿、廿四日出立（同三月二日条）

今もって不猟至極、干物・塩物も残らず売り切れ候体にて古来より覚え申さざること、余浦も同様の由、世上不景気と申す義もっともにござ候（同三月一六日条）

今日より鰯・鯖とれ懸かり申し候（同四月一〇日条）

今日もいわしよほど捕れ候由、一昨日まで小鰯数十につき廿七文、昨日より十につき六文、五文に下落つかまつり候（同四月一一日条）

先頃二・三日鰺・鯖・いわし等よほど捕れ申す所、その後又々不猟至極、猟師ども沖へ飯の菜に大根など持ち行き候ほどの義にて誠に困窮の由、町方もそれに准じ不景気の体にござ候（同閏四月一六日条）

先の弘化四年正〜二月とは打って変わって、不漁に苦しんでいる様子がみられる。イワシが一匹も獲れず、これは他の浦も同様であるという。嘉永元年の夏網以来の不漁であり、この春網に続く夏網仕入れのための御貸米（おかしまい）などを願うために町役人が出かけていること、四月には一旦、豊漁があったものの、再び不漁となり、漁師たちの弁当のおかずが大根になってしまうほどに困窮し、町全体としても不景気となっていることなどが記されている。

右の事例のように、漁業という生業による収益は、自然次第の変動の大きなものであり、それにもとづいた人々の暮らしもまた、豊漁にせよ不漁にせよ、変動の大きなものであったことがみてとれよう。

さらに、『応響雑記』には、次のような漁業に関わる災害・遭難の記事も複数登場する。

夜の内より大あゆの風、淡雪・霙（みぞれ）等降り勝ちにて猟船甚だ難儀つかまつり、中には溺死におよび候者もこれ有る由

（嘉永二年一〇月二七日）

嘉永二年の一〇月下旬、「あゆの風」（アイの風、北北東の風）が吹き、淡雪や霙などが降りがちな天候のなか、漁船は難儀し、溺死者も出るほどだったという。こうした災害や遭難もまた、海を相手にした漁業という営みに付いてまわる大きなリスクだといえよう。

祈るという行為

右のとおり、豊漁に喜び、不漁に悲しむ、変動する漁況とともに、人々の暮らしはあった。江戸時代の当時に比べれば、さまざまな科学技術の恩恵にあずかっている現代でもなお、漁業、とくに天然の魚介類を相手にしたものは、人間の思いどおりにはならないところが多くあろう。現代よりも自然の動向に左右される性質の強い江戸時代の漁業ならばなおのことであろう。それでは、不漁となってしまった場合、人々は、ただ座して状況が好転するのを待つだけだったのであろうか。そうではない。そこには祈るという行為がみられた。『応響雑記』からも、そうした人々の祈りの姿をうかがうことができる。

> 留守中形のごとき不猟につき浦方談合、能州三崎権現（みさきごんげん）様へ祈禱あい頼み候由、参詣の人々帰船の日より鯖・いわし・鰺・烏賊など猟業多分これ有り、町方よほど繁栄に見え申し候　（天保九年閏四月六日条）
>
> 一昨廿三日より昨廿四日両日、三崎権現、唐嶋（からしま）へ勧請（かんじょう）つかまつり申すにつき祭礼なり、先頃より又々不猟至極ゆえ浦方五町として右の仕合せ、祭礼は町中なり　（同五月二五日）

前者の事例では、不漁のため浦方で相談をし、能登国の三崎権現（須須神社（すずじんじゃ））へ祈禱を頼んだところ、参詣の人々が帰った日からサバ、イワシ、イカなどが多く獲れたとのこと。後者の事例では、不漁のため浦方の町々として唐島（氷見町の地先にある小島）へ三崎権現を勧請することにともなう祭礼についての記述である。祈禱と漁獲との科学的な因果関係はわからないが、三崎権現のような神仏への働きかけと漁獲状況の好転とを結びつける思考を人々が持っていたことが読み取れる。

続いての事例は、九月のもので、春網などイワシ漁に関わるものではないかもしれないが、不漁に対する祈りに関する記述として、あわせて紹介しておきたい。

> 打ち続く不猟にて、もはや浦方困窮に逼り、町方も不景気至極につき、夷子祭りつかまつりたき旨あい願い候につき、すなわち聞き届け遣わし、今明日町中簾をおろし軒灯を出し、浜へ仮小屋を建て夷子神を集めたてまつり、神主大勢呼び寄せ明日大祭、光禅寺・上日寺にても祈禱ござ候はずなり、（中略）四ツ頃帰宅、同時光禅寺へ参詣、七尾屋にて揃い申し候、大般若転読ござ候、もっとも上下着用し、組合頭も町々四人とも上下にて参詣つかまつり候
>
> （弘化二年〈一八四五〉九月一七日条）

不漁続きで浦方は困窮し、町方も不景気となっている状況を好転させるべく、夷子祭りの開催が計画された。町中で簾をおろし軒灯を出し、浜には仮小屋を建て夷子神を集め、

神主を大勢呼び寄せるという、町をあげての賑々しいもののようである。光禅寺（当日）や上日寺（翌日の朝日観音堂）といった町内の寺院でも祈禱が行われたようである。

> 五ツ半頃朝日観音堂にて、猟業祈禱の護摩供御執行ござ候につき、上下着け参詣、仲間ならびに組合頭等一統、昨日同様、四ツ頃あい済み、その座にてすぐさま御神酒・供物等頂戴つかまつる、同時過ぎ北方仲間中組合頭残らず、川原町宮南方夷子神御遷座のところへ参詣致され候、南方仲間中組合頭は浜町の浜へ、北方夷子神御遷座の小屋へ参詣つかまつり、帰り懸け会所え立ち寄り休足つかまつり候、九ツ頃過ぎ南方仲間、河原町宮へ参詣つかまつり候ところ、御祈禱ござ候、もっとも朝日祭礼のみぎり御出の夷子大黒、同町浜へ小屋を立て餝りござ候につき、ついでに参詣つかまつり候
>
> （同九月一八日条）

翌日の記事では、実施された夷子祭りの様子が記されている。朝日観音堂での「猟業祈禱の護摩供」の後に行われたようである。北方仲間中組合頭らは南方夷子神が遷座するところへ、南方仲間中組合頭らは北方夷子神が遷座する小屋へ、それぞれ参詣をするなどしている。

祈りが行われたのは、不漁の際ばかりではない。大漁の際にも行われた。次の内容は、

先に紹介したイワシ大漁の記述がまとまって記された弘化四年正～二月から少々後、四月の部分に記されたものである。

九ツ半頃常願寺へ仲間一統上下着け参詣つかまつり候、（中略）右法事は当春已来近年覚え申さざる鰯大猟につき、供養として浦方五町よりあい頼み、町方東西寺庵までの仏事、今日中まで西方待夜より東方の勤めにござ候　（弘化四年四月一四日条）

春以来の近年にないイワシ大漁に対する供養のため、町内の常願寺にて法事が執り行われたのだという。人々にあっては、不漁や豊漁どちらか一方ではなく、漁業という営み全般において、神仏の存在が意味を持つものととらえられていたのだといえよう。

右のような祈りや信仰というものについては、現代の目からみれば、迷信的で気休め程度のことに受け取られるのかもしれない。しかし、当時の人々にとっても、同程度の意味しかなかったといえるのであろうか。そうではないと思われる。こうした豊漁・不漁の際の祈りは、現代よりも真剣に考えられ、一定の実効性も期待されていたのではなかろうか。加えて、同じく漁業に依拠する人々による運命共同体としての結束を強める側面もあったであろう。すなわち、祈りや信仰というのもまた、漁獲に関わる側面から集団の維持に関わる側面までの広い意味における、漁業をめぐる知や技術の一環といえるのではなかろうか。人々の認識の次元で考えた場合、そのほうが当時の漁業という生業をより深いところからとらえられるのではなかろうか。それに、現代にあっても、「板子一枚下は地獄」の環境で働く漁師の人々の信仰心の篤さはしばしばみられる。祈りや信仰の持つ意味というのは、当時はもとより今もなお、軽んじることはできないものであろう。

漁場争論と関係性の調整

先に述べたとおり、台網漁では、対象となる魚群によって海岸からの距離、水深、海底の状況、潮流などから捕獲に最適の場所が網場（漁場）とされた。しかし、網場の設定は、「山目」という間接的な目印によるおおよその境界であり、回遊魚は潮に乗って移動するため、隣接する網との競合による争論も頻発した（上野二〇〇四）。

漁場の環境の流動性については史料にもあらわれている。たとえば、享和三年（一八〇三）の「灘浦拾四ヶ村三季網惣猟師納得定書帳」という、灘浦一四ヵ村の漁業規約では、春網場について、「網沖の方へ立て出し申す儀は時々魚心あい考え御願い申すべきこと」すなわち、網を沖のほうへ増設していく場合、その時々の「魚心」を考えるべきことがいわれている（山口一九七三）。「魚心」とは独特な表現であるが、魚の動き方など生態に関することをいっているのだと思われる。

また、同じく灘浦に関する明治一〇年（一八七七）の「漁士同盟條約証」に次のような内容がみられる。明治期の史料ではあるが、江戸時代以来の様子をあらわしていると考えられる。

春鰯網に限らず諸網の設置場所については、横手合・沖手合など総じて図面上に規則が記されているものの、海中でのその時々の調査によるものであって、陸地とは異なり、ともすれば少々の異同があるかもしれない。特に靡（ナバへなどとも。矢引の綱の長さのうち水深よりも数尋長くする分）などの伸縮、汐の差し引きを考慮すれば多少の変動はいうまでもない。であるから手合や縄などの丈・尋はおおよそのものといわざるをえない。まして魚道も時々の変動があるのだから、漁師は常に魚情を鑑察したうえで、網の方向など多少の趣向を変えることは仕方ない。そのため、漁師たちは互いに網場の体裁について微差を争ってはならない。（山口一九七二）

春網その他、横や沖との距離関係について、図面上の規則はあるものの、あくまでも調査時点の海の状況にもとづいたものであり、潮の状況などにより、時々で多少の異動があるのはやむを得ないこと、魚道も変動があるので、漁師は常に「魚情」（先の「魚心」と同様の言葉であろう）を「鑑察」し、網の方向などを若干変化させるのも仕方ないことがいわれている。加えて、そうした網場の「体裁」についてのわずかな違いで争うことがないようにともいわれている。

漁場の環境には流動性があり、それへの対応力が求められていたことがわかるとともに、裏を返せば、細かな環境の変動が争いの火種になりやすかったのだともいえよう。また、それらのことは、春網や台網漁に限った問題ではなかった。諸史料からは、氷見地域の地先海域において漁場争論がしばしば生じていたことがうかがえる。ここでは、『応響雑記』に記された事例を一つみておこう。

天保一〇年（一八三九）の暮れ、氷見町の鬮方（きざ）と中上（なかがみ）という二つの仲間（組合）の間で、夏網の境界についての争論が生じた（氷見町の網場は、大きくはこの鬮方と中上に二分されていた〈氷見市史編さん委員会二〇〇六〉）。明けて同一一年二〜三月、事態が収まらないため、町を管轄する今石動（いまいするぎ）奉行所（氷見地域は金沢を本拠とする加賀藩の領域であった）へ訴える形で、かつて作成された絵図や文書も参考にしながら解決が図られた。しかし、双方の漁師も加わって山目などの海上調査を行ったところ、双方に間違いがあったことで、事態は「混雑之体」となり、決着がむずかしくなり、話は金沢の御用所にまで持ち込まれた。最終的には、四月に至り、双方の申分は我意にまかせた「不筋」のものであり、悔い改めないならば当該の網場を取り上げる、以後、心得違いのなきように、との今石動奉行所からの仰せ渡しにて双方矛を収めて落着した。

この事例からは、山目などの基準にはしばしば間違いが起こるものであり、漁場の環境に不安定さがあったことをうかがえる。一般的にみて江戸時代の漁業の多くは沿岸漁業であり、限られた水域を、複数の者が同時的に、あるいは時期を違えて、空間的・時間的に重層的な形で利用していた。現在、水域での位置確認の際にはＧＰＳを利用できるが、そのような機械技術がない当時には、山目のような間接的な目印に頼らざるを得なかった。魚の動きなど海の状況も、いつも同じわけではなかった。それら利用者の錯綜状況や、漁場環境の不確定さや流動性が、争論の発生を促した可能性は高いであろう。しかしながら、利用し続けることで水域の環境や魚の生態など、自然環境への認識や理解も経験的に深まっていったのだと考えられるし、時に争論も経ながら、利用者間での利害関係が調整され、利用秩序も成熟していったのだろう。たとえば山目という方法自体、その地域の環境に対する認識が活かされた技術の一つだといえよう。

以上、江戸時代の氷見地域におけるイワシ漁について、いくつかの側面からみてきた。

ここでいま一度、特徴などを簡単にまとめておこう。沿岸漁業が主の当時にあっては、とにかくイワシの回遊を待つことが必要であり、漁獲はイワシがどれだけ来遊するのかに左右される部分が大であった。加えて、漁場が沿岸ばかりであり、漁場環境も流動的であったことは、利用関係が錯綜し、争論が発生する事態にもつながりやすかった。ただし、人々はイワシの回遊をただ待っていたわけではない。回遊してきたイワシをいかに上手く捕らえるか、という点では、漁場の環境や魚の生態に関する知や技術を発揮していた。漁場の利用をめぐっては、しばしば争論を生じさせながらも、秩序の形成や成熟を果たしていった。自然の動きに大きく左右される漁業という営みにあっては、祈りや信仰が、不漁を止め、豊漁が続くことを促すため人間にできる重要な方途の一つであり、それはまた共同体の結束を深めるものでもあった。イワシ漁を含めた漁業の操業と共同体の形成・存続とが密接に連動していたのも大きな特徴であるといえよう。

〈参考文献〉

阿部猛ほか編『郷土史大系　生産・流通（上）』（朝倉書店、二〇二〇年。「鰯漁業」の項〈高橋周執筆〉）

上野　務「一〇　網場絵図」（氷見市史編さん委員会編『氷見市史8　資料編六　絵図・地図』氷見市、二〇〇四年）
小境卓治「『応響雑記』漁業関係年表」（氷見市立博物館編・発行『昭和63年度　氷見市立博物館年報』第七号、一九八九年）
小境卓治「第一部　氷見の漁業の歴史」（氷見市教育委員会編・発行『氷見のさかな』一九九七年）
小境卓治『日本海学研究叢書　台網から大敷網へ』（富山県・日本海学推進機構、二〇〇六年）
坪井守夫「本州・四国・九州を一周したマイワシ主産卵場（1）」（『さかな　東海区水産研究所業績C集』三八、一九八七年）
坪井守夫「同（2）」（『さかな　東海区水産研究所業績C集』三九、一九八七年）
坪井守夫「同（3）」（『さかな　東海区水産研究所業績C集』四〇、一九八八年）
羽原又吉「富山湾漁業の史的発展」（同著『日本漁業経済史　中巻二』岩波書店、一九五三年）
氷見市史編さん委員会編『氷見市史1　通史編一　古代・中世・近世』（氷見市、二〇〇六年）
氷見市立博物館編・発行『特別展　氷見灘浦の生活誌』（二〇一七年）
深井甚三『加賀藩の都市の研究』（桂書房、二〇一六年）
山口和雄「近世越中灘浦台網漁業史」（日本常民文化研究所編『日本常民生活資料叢書　第一二巻』三一書房、一九七三年〈初出一九三九年〉）

〔付記〕　本研究はＪＳＰＳ科研費JP18K01188の助成を受けたものです。

第三章　魚肥と藩領社会

上田　長生

1　加賀藩領での魚肥流通

多くの肥料を必要とした江戸時代の農業

江戸時代の農業は、多くの労働力とともに多量の肥料を投下する集約的なものであった。刈敷（かりしき）や人間・牛馬の屎尿などの自給肥料も一貫して使用されたが、次第に購入肥料である干鰯（ほしか）をはじめ、魚肥（ぎょひ）が大きなウェートを占めるようになった。魚肥は肥料としての有効性が高く、どれだけ入手できるかが農業生産を大きく左右した。また、購入肥料という性格から、その価格や流通のあり方がさまざまな形で問題となった。そのため、幕藩領主は年貢収入を確保し、百姓たちの農業生産を成り立たせていくために、魚肥をめぐる諸政策を打ち出し、百姓側も魚肥を安定的に確保するために努力を重ねた。

これまでも魚肥は、流通史の見直しや広域訴願などを検討する素材として、江戸時代の歴史を考える上で重要なテーマとなってきた（原一九九六、平川一九九六）。加賀藩領についても、越中国での魚肥流通を検討した水島茂・高瀬保の先駆的な研究があり（水島一九六六・七〇、高瀬一九七九）、北前船研究の中でも検討が行われてきた（中西一九九二など）。本章は、魚肥の流通面を解明したこれまでの研究に学びながらも、加賀藩の魚肥政策や百姓たちの動き、具体的には魚肥購入仕法に注目する。その際、従来十分には押さえられていなかった一七・一八世紀の干鰯をめぐる政策・藩領社会の動きと、一九世紀のニシンに関する仕法の担い手や組織に着目することで、加賀藩における魚肥の歴史を描き直してみたい。

先取り的に加賀藩での魚肥利用の展開を述べるならば、一七世紀半ば以降、長大な藩領沿岸（主に能登国）で生産されたり、越後・佐渡・出羽などから入津した干鰯が用いられたが、一九世紀前期に松前（現北海道松前町）で加工されたニシン肥を大量に購入するようになった。その過程では、藩領村々が魚肥獲得のための訴願に結集したり、村々を統括した十村（後述）が大がかりな仕法を立てるなど、ダイナミックな動きがみられた。

加賀藩の郡方支配の概要

次に、以下で加賀藩とその藩領社会をみていく前提となる、農村支配のあり方について説明しておく。加賀藩で郡方（こおりかた）を支配したのは、改作奉行（かいさく）（約八名）と郡奉行（こおり）（各郡二名）で、前者が土地・農業、後者が治安・戸口などの支配を分掌した。これを、三名の算用場奉行（さんようば）が統括した。算用場奉行を頂点とする、改作奉行・郡奉行以下の諸役人が執務したのが金沢城隣接の算用場である。

改作奉行・郡奉行の下で、郡方の実質的な支配のほとんどを担ったのは、十村と呼ばれた有力百姓である。加賀藩を構成する加賀三郡・能登四郡・越中三郡は、各郡がおおむね五〜一五の組に分けられ、各組を一名の十村が管轄（才許（さいきょ））した。十村には一六の階層があったが、大まかには藩から扶持（ふち）を与えられた御扶持人十村と与えられない平十村、両者を統括する最上位の無組御扶持人十村に分けられる。また、十村は手代（てだい）と呼ばれる下僚を指揮して、蔵入地（くらいりち）（藩主支配地）の年貢の徴収、村役人の任命、紛争処理、村方の戸籍管理のほか、用水管理・土木普請の指揮などの非常に多岐にわたる役務を担った。

以下では、加賀藩がどのような魚肥政策をとったのか、さらには十村やその管轄下にあった百姓たちが魚肥を確保するために、どのような動きをみせ、いかなる仕法を構想・

実施したのかを跡づけることで、魚肥と人間社会の関係を考えてみたい。

2　魚肥流通をめぐる藩の政策

干鰯の登場と加賀藩の政策

加賀藩における魚肥をめぐる動きは表（章末参照）にまとめたが、魚肥が史料上に初めてみえるのは、万治四年（一六六一）二月に領内の諸浦で生産された砂鰯（すないわし）（干鰯）を他領・他国へ移出することを禁じた算用場の達である。寛文四年（一六六四）には、加賀国三郡村々で使うための「こゑ（え）いわし・油かす」を石川郡本吉（もとよし）村（現白山市）間右衛門・河北郡木津（きづ）村（現かほく市）十兵衛・同郡高松村（同上）新左衛門が買い、昨年は一俵二分であった口銭を今年は五厘としたいと、十村たちを通じて改作奉行に願い、認められている。また同年、越中の砺波（となみ）平野を貫流する小矢部（おやべ）川の船運権を独占した高岡木町（きまち）（現高岡市）が、御蔵米（おくらまい）・御用材木などとともに、木町から鴨嶋（現高岡市）・津沢・小矢部（いずれも現小矢部市）への干鰯の運賃を取り決めている（『富山県史』史料編Ⅳ、高瀬一九七九）。これらの例から考えて、加賀藩領内でも一七世紀半ばには領内外で生産された干鰯が流通し始めていた

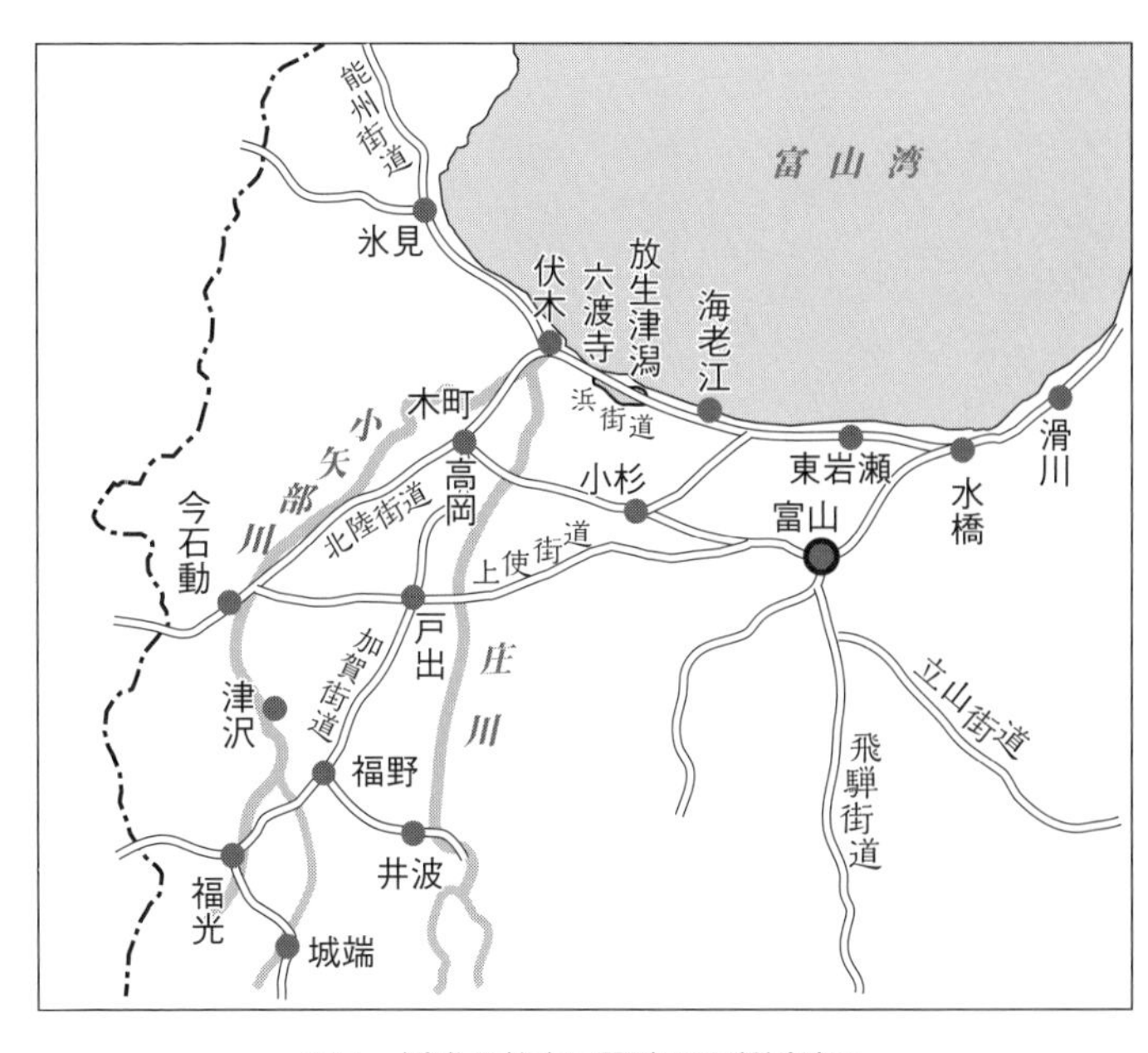

図１　近世の越中国砺波平野付近地図

とみて間違いないだろう。

では、加賀藩は干鰯の生産・流通について、どのような政策をとっていたのだろうか。これについては、すでに万治四年の算用場の達でふれたように、基本的に干鰯を領外に移出することを禁じていた。こうした政策は、元禄一六年（一七〇三）六月に能登口郡（羽咋郡・鹿島郡）の十村一〇名が、これまで蝋・漆・たばこ・大豆・油など一一品とともに、「こゑ鰯」が以前から「津留物」であると郡奉行に届けているように、十村たちも理解していた。これは、当然ながら、十分な干鰯を確保することで、藩領内での農業生産力を高めようとする意図によるものだった。

だが、寛文三年には算用場が、諸浦でイワシが大漁でも、他国・他領ではなく藩領内の百姓に売り、干鰯にした場合は十村たちを通して藩が買い上げると達していることから、実際には領外へ売られることがあったのだと考えられる。他領への流出によって領内の干鰯値段は上昇するから、以後も表のように、藩は他国・他領への流出を何とか食いとめようと苦心することになる。

干鰯の仲買とその取り締まり

こうした干鰯の他国・他領流出や商人による仲買（なかがい）行為がより明確に問題になるのは、一八世紀初めである。元禄一六年六月には越中国砺波郡の般若（はんにゃ）組東保（ひがしぼ）村（現砺波市）・中田村・下麻生村（いずれも現高岡市）の五名による訴願で、「近年浦方ならびに他国・他領の商人仲買を立て、沖にて買わせ干鰯仕り（つかまつり）、他国・他領へ出し」ており、百姓が浦方に行っても干鰯を買うことができないため、事前に一籠六文から八文の口銭（こうせん）（手数料）を支払って仲買や宿から買う者もいるという。さらに、商人たちは干鰯を抱えていても売らず、他国・他領へ出しているので、干鰯不足・価格高騰につながっているとして、これを防ぐために、自分達が手分けして浦々を廻り、百姓への干鰯の直接売買を記帳・監督し、帳面・雑用代として口銭よりも安い一籠五文を取りたいとしている。

干鰯の不足・高騰の問題を提起しながらも、訴願人が口銭の取得をもくろんだ事例と考えられるが、興味深いのは、ある郡の浦方でイワシが不足すれば、別の郡から廻し、領内の肥料の必要量を考慮した上で他国・他領へも勝手次第に売らせるので、「浦方不勝手（ふがって）の儀御座無（ぎござな）く」と、百姓の直接購入方式にすることで領内浦方に不利益にならないとしている点である。同じ領内の浦方と農村の利害に関わるため、農村の利益のみを追求するよりも訴願が受け入れられやすいと考えたのだと思われるが、同じ領内であるからこそ浦方の利益、江戸時代の言葉でいえば「成立（なりたち）」が考慮されたのだろう。なお、訴願人たちがその後の取締りに携わっている形跡はなく、願いは採用されなかったのだとみられるが、算用場で改作奉行が領内各郡の十村に考えを尋ねており、藩が受け入れる可能性のある案だったことがわかる。実際、のちの寛保三年（一七四三）には干鰯の領外移出を防ぐために、浦々で漁師が誰にイワシを売ったか記帳し、船での搬出には郡奉行の印鑑を必要とする制度になるが、それを先取りするものといえよう。

砺波郡の百姓たちが取締りを求めた干鰯の仲買行為については、藩側も十村たちも問題視していた。正徳三年（一七一三）閏五月には、改作奉行が干鰯などの仲買行為を禁止しているが、その中で干鰯は「浦方より直に百姓買い申すはず」のものだと述べている。この段階では藩は、商人が介在するのではなく、干鰯は本来浦々から百姓が直接買うものであると認識していたのである。

いっぽう、十村たちは郡方の実態をより理解していたであろうから、干鰯商人が存在することはすでに前提となっていた。宝永五年（一七〇八）砺波郡の十村たちは、越中国浦々が不漁であることや、仲買商人が高値を見込んで干鰯を売らないこと（メ売(しめうり)）で、さらに値上がりしているという理解から、商人が抱える干鰯の売り払いを改作奉行に求めている。また、正徳三年には、加賀国石川郡・河北郡の十村たちも干鰯の値下げを命じてほしいと改作奉行に訴えている。

干鰯流通の取り締まり策の転換

こうした干鰯の高騰と十村たちの訴えによるものと考えられるが、享保年間（一七一六～三六）の前半には藩も干鰯商人の存在を認めるようになっている。享保一一年四月、算用場は能州郡奉行に、干鰯商人が干鰯を売った売先や俵数を調べさせ、買い置いた手持ちの干鰯を売り払わせるように命じているからである。なお、この達を受けて、商人が干鰯の仕入れをためらったのか、かえって干鰯の流通が滞ったらしく、商人が干鰯を買うことを禁じたわけではなく、〆売して過分の利益を得ようとしていることを禁じたのだと算用場から改めて達している。

以上のような津留の方針にもかかわらず、干鰯の他国・他領への移出があとを絶たず、高騰していたことから、先にもふれたように寛保三年により踏み込んだ流通統制が図られる。九月の加州郡奉行の申渡しでは、広く諸品の領外移出や〆売を問題とする中で、干鰯については浦方の漁師が何郡何村の誰に売り渡したかを記帳し、すでに船積みしていれば願書付（ねがいかきつけ）を出し、郡奉行の印をもらってから津出・津入するように命じている。一二月には改作奉行が、十村組ごとに十村が諸浦のイワシの水揚量を記帳すること、組ごとに屎代（こえ）取立米を十村が集めて屎物を配当することを命じている。藩は、干鰯の生産・流通をより詳細に把握することで、価格を抑え、滞りなく領内に行き渡らせようとしていたのである。

ただ、こうした統制は混乱も生んだようである。延享四年（一七四七）、加賀国石川郡村井組の徳光（とくみつ）・相川（いずれも現白山市）など三〇ヵ村の肝煎（きもいり）（他地域の庄屋・名主に当たる）は、藩の「津出し御縮り方」によって自分たちの船で買った干鰯を運ぶことを本吉奉行から咎められたが、陸上輸送では人力がかかり、多くの川を渡るのが困難なので、これまでどおり船で運ばせてほしいと、十村を通じて改作奉行に訴えている。村々は、四・五年前までは本吉湊から自分たちの船で購入していたというから、「津出し御縮り方」が寛保三年の統制を指すことがわかる。また、石川郡本吉湊は蔵入地の年貢米が集積される御蔵があり、本吉湊才許（本吉奉行）が管轄したが、村々の言い分に従えば、本吉湊才許が「津出し御縮り方」を津出の一律禁止と誤解していた可能性がある。ともあれ、この訴願は聞き届けられ、組才許の十村から本吉湊才許に書面を提出することで干鰯の積み出しが許可された。

その後、津出・津入ごとに記帳する煩雑さがむしろ流通を滞らせたのであろうか、いったん安永三年（一七七四）四月には干鰯・油粕の領内での津出・津入は自由とされるが、寛政三年（一七九一）越中国新川郡町方から領内他浦への干鰯の運送にあたっても改作所の許可を受けるよう藩が指示しているように、この年までに領内での移出についても、ふたたび藩の許可が必要となっていたようだ。

以上のように、干鰯の需要が増大することに加え、高価での販売を狙う商人が他国・他領へ密かに移出する動きがなくならず、加賀藩内での価格も高騰した。藩側も十村・村々の側も仲買を排除して、安値に干鰯を確保しようと模索を続け、領内での積み廻しでも藩の許可を必要とする制度に行き着いたのである。

3　干鰯の安定的な供給をめざして

肥物仕入銀の貸し付け

ここまでみてきたように、藩役人と十村たちは、干鰯を滞りなく行き渡らせるためにそれぞれ試行錯誤を繰り返していた。たとえば天明八年（一七八八）には、越中国砺波郡で約二一・六万俵、射水（いみず）郡で約一万俵、新川郡で約六・八万俵と、膨大な干鰯が使用されており（高瀬一九七九）、その安定的な供給、とりわけ屎代銀を容易に用意できない農民への供給には藩や十村のてこ入れが不可欠であった。次に、安定的に干鰯を農村に行き渡らせるために藩が取った政策と、十村たちの動きをみてみよう。

まず藩側では、肥物（こえもの）仕入銀の貸し付けがあげられる。すでに、寛文九年（一六六九）の改作奉行の職務マニュアルには「百姓御介抱（ごかいほう）の為、百貫目御預け銀の内を以て油糟（あぶらかす）・干鰯など買い渡し、暮れに至り代銀取り立て上げ申し候事」とある。これは、役銀奉行を通じて改作奉行が差配できる「百貫目御預け銀」のうちから、金肥(きんぴ)不足の村々のために貸し渡し、無利息で一一月に返済するというものである。砺波郡の場合、毎年銀一八～一九貫目に達している（高瀬一九七九）。一例をあげれば、砺波郡で天和元年（一六八一）に内嶋村（現高岡市）孫作・金屋本江(かなやほんごう)村（現小矢部市）金右衛門・埴生(はにゅう)村（同上）佐次右衛門の三人の十村が、翌春に肥料不足になる村々に貸し渡す油粕・灰・干鰯を買うための銀をそれぞれ一貫四〇〇匁と見積って、藩に届けている。

ただ、こうした貸し付けが常に問題なく行われていたわけではない。十村によっては貸し渡しがなおざりの場合もあったらしい。安永二年（一七七三）には改作奉行から、「毎歳(まいとし)御郡々へ屎代御貸し渡し」ているが、行き届いていないところもあるようだとして、十村が村々役人に屎代を渡す際は廻り口御扶持人（各組才許十村の上位でいくつかの組を監督・差配した）が立ち会うように達している。享和三年（一八〇三）には屎物代銀「百貫目の銀子」割当てをきちんと行うように改作奉行が十村に命じ、自力では屎物を購入できない者に貸し渡させている。このように時に問題も生じたとはいえ、毎年の屎物購入費の貸し渡しが制度化されていたことの意味は小さくないだろう。一七世紀半ば以降、十村を駆使して、全藩的に手厚い勧農を行ったことで知られる加賀藩ならではの政策といえる。

干加仕法の構想

いっぽう、一九世紀になると、十村側でも干鰯をめぐる郡規模の仕法が構想されるようになる。砺波郡では文化一〇年（一八一三）三月、仲買人が増え、〆売によって干鰯が高値となっているとして、「干鰯の生産・輸入を調査し、さらに郡内農村の買入量を報告させ、需給量を調整し、買占・他国漏れを取締り、また仲買人を指留めるなど流通機構を整備することで価格の下落を図った」干加仕法を定め、改作奉行の許可を得ている（高瀬一九七九）。具体的には、下級十村である新田才許・山廻の中から二名の干加主付と、射水郡氷見（現氷見市）・伏木・高岡（いずれも現高岡市）・放生津・海老江（いずれも現射水市）で下役を一名ずつ立て、そこでの入津量や射水郡浦方での生産量を調べさせ、値段は主付人と十村たちが示談して決め、郡中に触れ渡して、商人からもそれに準じて買わせるとしている。村々でも富裕な者には自分で購入させるが、「手弱成る百姓」には半分自費、残り半分は十村たちが調達した銀を貸し渡して入手させるとしている。この仕法は、それまで干鰯移出に関する藩からの指示を実行したり、屎物代銀の貸与を担うことで、郡中への魚肥供給に当たってきた十村たちが、主体的に需給量調査や流通調整に乗り出した点で画期的である。次節でみる松前産のニシンをめぐる大規模な仕法につながるものとしても大きな意味がある。

このほか、越中国新川郡でも天保七年（一八三六）二月に、ニシン・イワシの仕法が作られている。主要な港である東岩瀬（ひがしいわせ）（現富山市）・滑川（なめりかわ）（現滑川市）に屎物問屋をおき、買い入れさせた屎物の値段を決め、右の両所と東水橋・西水橋（いずれも現富山市）・高月（現滑川市）で屎物商売を望む者に卸（おろ）して、その仲買人から百姓に売らせるというものである。そして、それまで百姓と商人の相対であった取引を、村ごとに取りまとめ、組主附（くみぬしづけ）（十村から改称した惣年寄・年寄並）を介して売買させようとしている。砺波郡同様に、郡中十村レベルでの流通調整を目指した仕法といえよう。

金肥の弊害

なお、注意しておきたいのは、加賀藩が屎物代銀の貸し渡しなどで魚肥利用を促したことは間違いないが、そのデメリットにも気づいていたことである。高瀬が紹介した寛保四年（一七四四）や延享三年（一七四六）の倹約令では、古くは百姓自身が土屎（つちごえ）・草屎（くさごえ）などを手間暇かけて作っていたが、新開地で用いられ始めた干鰯が元禄時代には古くからの田にも普及したとした上で、多くの屎代銀がかかるようになり、多量の干鰯が投入されることで「土目」＝土地の質が悪くなっているとしている。藩は、自給肥料は「人力も相懸り候に付き、自然と相止」んだと、百姓が怠惰になったことや、階層分解による耕作馬の減少が、金肥の普及につながっているとみていたが、実際には一七世紀を通じた新田開発によって草屎などの原料となる草刈場・耕作馬が減少したという事情もあった（高瀬一九七九）。

また、享和二年には土屎・蒸屎を作成するように改作奉行が命じ、金肥が不足がちとなっていた嘉永三年（一八五〇）には、享和二年令をふまえて、「土屎拵え方仕法」を立てるように三ヵ国の十村たちに指示している。屎物が払底した天保九年（一八三八）には、翌春に向けて、山草で刈り取った草の量を申告させ、蒸屎の作成を督励してもいる。

さらに、多くの百姓が屎物代銀の支払いが滞る事態となった嘉永六年一一月には、次節でみる松前ニシンの使用を禁止し、以前のように蒸屎・馬屋屎などを作って、できるだけ領内で賄うよう命じるに至っている。ただ、この達については、松前ニシンの禁止と受け取る向きがあり、今年から禁止というわけではないと翌年三月には撤回されている。松前ニシンに依存し、百姓経営に不可欠となっていた百姓たちにとっては非現実的なもので、反発があったためではないかとみられる。

このように、藩側は、魚肥獲得のために百姓が多額の屎代を支出したり、前借りして返済が滞ることなどに一定の警戒感を持っていた。しかし、百姓とすれば、いったん手に入れた魚肥の使用を止めることなどできるはずがなかった。藩の懸念をよそに、百姓たちは一九世紀には松前ニシンを大量に獲得するための大規模な仕法を繰り返し構想・実施するようになる。次節では、砺波郡を対象にそうした動きをみていきたい。

4　松前ニシンの移入と直買仕法

松前ニシンの登場と直買仕法

一九世紀初頭、文化年間（一八〇四～一八）にイワシに代わって、加賀藩領における魚肥の主役に躍り出たのが松前ニシンである。領内で産出される干鰯も引き続き用いられたが、早くも天保五年（一八三四）には砺波郡で使用される肥料四〇万俵のうち三～四割を占めるようになり、嘉永期には干鰯とニシンの比率が四対六となるにいたったという。越中国の主要な湊であった伏木・放生津への胴鯡（どうにしん）の入荷量は、嘉永期に六〇～八〇万貫、文久期に一〇〇万貫超、慶応期には一五〇万貫に達したという（高瀬一九七九）。

急激なニシンの浸透に驚かされるが、その獲得のために十村や藩領村々がみせた動きは極めて興味深い。まず天保六年には、砺波郡のうち八組の村々惣代として三三ヵ村の肝煎たちが、村々から集めた米一万石の移出を許してもらい、惣代の者三～四人が松前に赴いてニシンを買い、百姓が出した米に応じて配分するという直買（じきがい）仕法を改作奉行に願っている（水島一九七〇・高瀬一九七九）。この仕法に対して算用場は、ニシンが「耕作方要用の品」であるとし、津代（入港手数料）・冥加（みょうが）金を免除する特例をもって許可している。

こうした仕法が構想された背景には、胴鯡一〇貫目の価格が文化一二年には銀一一～一二匁であったものが、天保五年には二七匁へと倍以上に値上がりしている状況があった。また、ここでもメ売をする商人の存在が指摘されている。ちなみに、一八四〇～五〇年代は二六～三五匁あたりで推移するが、文久二年（一八六二）には四〇匁代、元治元年（一八六四）には五〇匁、慶応二年（一八六六）には最幕末の物価騰貴があるとはいえ、一〇〇匁に達している（高瀬一九七九）。

この時、松前行きの惣代（そうだい）は放寺（ほうじ）村（現高岡市）肝煎彦右衛門・田中村（現南砺市）肝煎勘十郎となったものの、すでに売買交渉の時期としては遅く、伏木浦の米屋三郎右衛門の船を雇って、松前で米二一九石で外割鯡・筒鯡を約一万貫買い入れたり、金沢外港の宮腰（現金沢市）で買い付けたりするにとどまった。その後も、天保九年に能登国珠洲郡正院村（現珠洲市）七右衛門を主付として米一万石で鯡五八万貫目余りを入手する計画を立て、藩も同年に砺波郡惣年寄・年寄並（この時期は、十村から名称が変更されていた）に屎物代銀六〇貫目を貸し付けて後押ししている。

だが、この仕法は、のち文久二年の砺波郡一四組村々の願書で、「程なく凶作に相成り、自然御仕法御指し止めに相成り、今更後悔」とあるように、天保飢饉や直買の経験が不足していたことなどから頓挫した。一方で「今更後悔」と強く記憶されていることが示すように、既存の北前船や屎物商人ではなく、郡中百姓が自ら松前からのニシンの仕入れを目指した仕法は、以後百姓たちが同様の仕法をたびたび試みるようになるステップとして大きな意味をもった。なお、加賀藩領では郡規模で結集した村々が訴願することはあまりみられないにもかかわらず、こうした広域訴願が行われたのは、文政四年（一八二一）以来十村制が廃止され、百姓が郡奉行の直接支配となっていたという状況や（天保一〇年十村制に復する）、肥料獲得が百姓経営の死活問題で、広く郡内で利害が一致する問題であったことが理由として考えられる。

天保一二年の砺波郡屎物仕法

ついで天保一二年五月には、「屎物代取立方等主附」に任命されていた福野村（現南砺市）六兵衛・杉木新町（現砺波市）新助が、「砺波郡屎物仕法」を改作奉行に願っている。この仕法は、鯡を受け取った伏木浦の船持商人から直接購入しようとするもので、買入れのために藩の貯用米五〇〇〇石の拝借を願っている。購入した鯡は、天保一〇年に伏木に建設された砺波郡のための屎物御蔵に積み入れるとし、「伏木・高岡商人高利も貪り得申さず、自然屎物下直に相成り、御郡一統の益」と、仲買商人を介さないことで、安値でのニシン入手、そして〝郡益〟が実現するとしている。この仕法が採用されたのかは不明であるが、村役人が郡中全体の利益を表す〝郡益〟の意識にたどり着いたことが注目される。

なお、この「屎物代取立方等主附」は「屎物調理方主附」などの名称でも現れる。先述の文化一〇年の干加仕法以来のもので、砺波郡十村の監督の下で、越中国最大の北前船の寄港地であった伏木浦へ入津した筒鯡・笹目・鯡粕・油粕・干鰯・鯡鱗・身切鯡などの量や、領内各浦で生産された干鰯の量・値段、さらには浦々の漁況、下関をはじめとする全国の相場や景況などを調べ、十村たちに報告していた。文久二年には、岡村（現小矢部市）

孫左衛門・浅地村（同右）勘右衛門・杉木新町源助が屎物調理方主附、伏木村広上屋三之丞・放生津明神屋藤兵衛・海老坂村（現高岡市）次兵衛がその下役を務めていた。十村たちは、こうした主附から収集した情報を元に、毎年の村々への魚肥の配分を差配したり、仕法を構想していた。

大規模な仕法を構想する百姓と十村

さて、幕末期にはより大規模な仕法が構想され、実現していく。文久二年六月には、砺波郡一四組の村々惣代がニシン購入のための仕法立てを十村たちに願っている。この中では、屎物代が高騰して百姓たちが難渋したものの、当春「御郡御仕法屎物御買い入れ御割符（わりふ）」が行われることで、商人たちが売るニシンの値段も下落しているとする。そのうえで、来春のために「百姓中願いの趣、組々打ち寄り示談」し、屎物を入手する手段を探ったところ、越後国柏崎の渕岡屋西松が松前の豪商関川家と類縁で、福岡町（現高岡市）美濃屋長九郎・嶋倉屋吉助が越後へ菅笠（すげがさ）商いに行っており、西松と心易いので、村々で用意する米五〇〇〇石の移出を許してもらえれば、西松などを通じて松前ニシンなどを直接購入できるとし、「百姓中一統押し達し相願い申すに付き、私共惣代として右の趣引き請け」と、百姓たちの強い要請を受けて出願に至ったとする。

　先述のように、村々は天保六年の頓挫した直買仕法を強く意識しており、訴願に結集した組数も八から一四に増えている。砺波郡は、魚肥を必要としない山間の五ヶ山（ごかやま）両組を入れて全一五組であるから、ほぼ一郡七〇〇ヵ村が結集したことになる。組惣代たちは「他国にて屎物買い入れ申さずては、直安物買い留め申す義出来申さず」というように、魚肥が伏木など領内の湊に入津してしまうと、商人を介することで値上がりすると警戒している。十村や百姓たちが一貫して直買を目指したのはそのためであり、安価に入手するルートを確保することで商人の売値も押し下げる効果を狙っていたと考えられる。また、福岡町周辺で盛んだった菅笠作り・商いを通じた越後との取引関係をツテとしていることも、商売や情報のネットワークの広がりを示している。

　組惣代たちの訴願は採用されなかったようだが、それは、一方で砺波郡の御扶持人十村たちが藩の許可を得た上で、「屎物鯡等買入仕法」を検討していたからだとみられる。同年七月に取り決められた詳細な仕法書によると、伏木浦に面する六渡寺（ろくどうじ）村（現射水市）の湊屋清右衛門・清次郎に伏木着船のニシン商いに参加させ、砺波郡用に購入させようというものであった。村々には組才許十村の印鑑を押した通帳（かよいちょう）を渡しておき、それを百姓が持参して直接購入する方式である。郡方の屎物商人へは湊屋から売らず、転売を防ぐために百姓一人につき三〇〇貫目までの購入が可能とされ、百姓が現金で払えなかった分は一一月に組才許十村が取り立てて、湊屋へ渡すことになっていた。なお、荷宿は伏木の広上屋三之丞・堀岡屋茂十郎が担った。

実際、同年九月には筒鯡七万八九二一貫、笹目四二五四貫を湊屋清右衛門が買い入れており、翌文久三年正月には、砺波郡野村島村（現砺波市）内で二五〇貫目の伊左衛門を筆頭に、三〇貫目の三次郎まで一八軒が計一二〇〇貫目の「御郡御仕法鯡」を湊屋から購入している。野村島村は天保五年に八六軒で構成されていたから、村内の五分の一に当たる。

翌年の史料によれば、「鯡を積んだ船は伏木に入津したが、下値でしか売れないと判断すると出湊してしまう。去年同様買い入れるか」と、湊屋から問い合わせを受けた十村たちが、組々の才許十村たちの意向も確認し、石灰屎も解禁されたところなので、今年は買い揚げを見合わせると判断している。その後、慶応年間には湊屋の名前がみえなくなるが、それは十村たちの判断によって年々の扱い量が大きく変わるため、湊屋側が仕法を断った可能性をうかがわせるが、詳細は不明である。

産物方による仕法

慶応二年一一月には、藩の新たな役所である産物方（さんぶつかた）が買い入れた約五万貫のニシンを、藩が決めた値段で砺波郡一四組に払い下げる仕法もみられる。この時は、一〇貫目につき銀九四匁四分六厘で、伏木に入津したニシンの荷宿は高岡木町の松屋清右衛門・加納屋弥平・鷲塚屋十右衛門が指定された。翌年三月、一四組惣代の肝煎たちが十村たちに出した伺書には、「商人より御仕法を妨げ申すべきため、時相場（ときそうば）をはつ（ず）し、態（わざ）と下直に売り出し、御払い鯡望み人これ無き様に仕成し申すべき義これ無くとも計（はか）り難（がた）く」、つまり屎物商人が仕法を妨害するために、一時的に仕法鯡よりも安く売り出すかもしれないとし、その場合は値段を立て直し、商人より下値で売ってほしいと述べている。商人たちが仕法を面白く思っていなかったであろうことがうかがわれ、また村々が商人に対して抱いていた不信感も読み取れる。

以上のように、天保期以降、とりわけ幕末期には松前ニシンを安価に確保するために、十村たちと村々の百姓がそれぞれに繰り返し仕法を構想し、そのいくつかを実現させていた。度重なる仕法の改廃は、資金調達の困難さや領内外の相場の変動などによって安定的な仕法を立てることがむずかしかったことを示しているが、一方で、それだけ百姓の経営にとって魚肥が死活問題であったことをも示しているだろう。
また、魚肥をめぐる動きは、藩の支配・行政の実質的な部分を委ねられた十村たちが培った政策の立案・実施力のみならず（上田二〇二〇）、村々の百姓たちも広域的に結集し、領外との関係を活用した仕法を構想するような力を示すものだった。あるいは、魚肥問題こそがそうした結集を促し、力量を高める要因であったともいえよう。

〈参考文献〉

上田長生「十村御用留論」（加賀藩研究ネットワーク編『加賀藩政治史研究と史料』岩田書院、二〇二〇年）
高瀬　保「加賀藩の津留政策」（『富山史壇』三五、一九六六年）
高瀬　保「加賀藩における魚肥の普及」（同著『加賀藩海運史の研究』雄山閣出版、一九七九年〈初出一九七七年〉）
砺波市史編纂委員会編『砺波市史』（砺波市、一九六五年）
中西　聡「場所請負商人と北前船」（吉田伸之・高村直助編『商人と流通』山川出版社、一九九二年）
原　直史『日本近世の地域と流通』（山川出版社、一九九六年）

平川　新『紛争と世論』（東京大学出版会、一九九六年）
水島　茂「明治初期における北海道魚肥の移入」（『富山史壇』三一、一九六五年）
水島　茂「近世における北海道魚肥の普及と影響」（『富山史壇』三三、一九六六年）
水島　茂「加賀藩天保改革の魚肥問題」（『地方史研究』二〇―二、一九七〇年）
若林喜三郎『加賀藩農政史の研究』上・下（吉川弘文館、一九七〇・七二年）

〔付記〕　本研究はJSPS科研費18K00959の助成を受けたものです。

表　加賀藩における魚肥をめぐる動き

年代	月日	内容	出典
万治四年（一六六一）	二月二一日	諸浦で生産された砂鰯の他国・他領への移出が禁じられる（『改作所旧記』では二月一八日付）	『法』六
寛文三年（一六六三）	三月一七日	算用場、鰯が大漁でも他国・他領ではなく領内百姓に売ること、干鰯にした場合は組々十村を通じて改作奉行に届け、藩が買い上げることを達する	『史』四・日暦二
寛文四年（一六六四）	一二月一一日	加州三郡で干鰯・油粕を本吉村間右衛門・木津村十兵衛・高松村新左衛門が買い、昨年は口銭一俵二分のところ、今年は五厘にしてほしいと十村達を通じて改作奉行に願い、認められる	日暦二

天和元年（一六八一）	一〇月	砺波郡内嶋村孫作・金屋本江村金右衛門・埴生村佐次右衛門が来春こゑ不足村々に渡す「こゑ代帳面」を提出する	羽鹿四（近世）
元禄一六年（一七〇三）	六月九日	口郡十村一〇名、蝋・漆・たばこ・大豆・油・こゑ鰯等一二品が先年より津留物であることを郡奉行に届ける	岡部家文書
宝永五年（一七〇八）	四月六日	砺波郡十村中、越中浦不漁と中買により干鰯が不足しているため、中買の干鰯売払いの触を改作奉行へ願う（一〇日に触）	羽鹿六（近世）・日暦五
正徳三年（一七一三）	二月六日	石川・河北郡十村、金沢・松任の油粕高値のため、油粕切手売り禁止、干鰯の値下げを命じるように改作奉行に願う	羽鹿七（近世）・日暦五
	閏五月六日	改作奉行、干鰯等の肥料の中買を禁止する（「浦方ゟ直百姓買申筈」）	羽鹿七（近世）
正徳四年（一七一四）	四月二六日	改作奉行、越中諸浦の鰯豊漁のところ、干鰯の他国・他領売りを禁じる	羽鹿七（近世）
享保一一年（一七二六）	四月一四日	算用場、商人の干鰯売先・俵数を書き出し、買置きの干鰯の売り払いを能州郡奉行に命じる	羽鹿九（近世）
	五月二日	算用場、商人の干鰯買込みを禁じた訳ではなく、〆置過分の利潤を取ることを禁じると達する	羽鹿九（近世）
寛保三年（一七四三）	九月三日	加州郡奉行、津留物以外の諸品を他国・他領へ売るために領内物価が高騰しているとして、諸品流通・〆買〆売などの取締りを十村達に命じる（干鰯は、浦方漁師が何郡何村誰に売り渡したか記帳し、船積していれば願書付を出させて、郡奉行の印章を受けて津出津入させる）	日暦七
	一二月	改作奉行、近年干鰯など払底・高騰のため、組切で十村が諸浦捕揚鰯を記帳すること、組毎に屎代取立米を十村が集めて屎物を配当することを命じる	『史』七

延享元年（一七四四）	二月	前年一二月の改作奉行申渡を受け、能登口郡十村、口郡では買屎は不要で、野土・蒸屎・草屎・厩屎・堀土で田地養うことを回答する	『史』七
延享四年（一七四七）	六月	四・五年前まで本吉浦で屎鰯を買っていた石川郡村井組徳光・相川など三〇か村肝煎、津出御縮方により手船での積廻しを本吉奉行（本吉湊才許）に咎められていると十村村井村六左衛門に訴えた結果、十村から本吉役人への紙面指出による積出しを改作奉行から許される	日暦八
寛延三年（一七五〇）	六月二日	算用場、諸浦の干鰯の他国他領売出しの禁止を命じる	羽鹿一三（近世）
安永二年（一七七三）	二月	改作奉行、屎代銀貸渡不行届の様子につき、村々役人召寄せ、廻り口御扶持人の相見で渡すように命じる	羽鹿一八（近世）
安永三年（一七七四）	四月一二日	能州郡奉行、干鰯・油粕は向後領国内勝手次第に津出・津入を許可する	羽鹿一七（近世）
天明四年（一七八四）	正月二〇日	算用場、干鰯の津出・津入を仕法前の通りとする	羽鹿九一（岡野）
天明五年（一七八五）	一二月一六日	改作所、干鰯を藩が買上げて百姓に貸与することを命じる	伊東二—三七・『海運史』
天明六年（一七八六）	正月	改作奉行（池田忠左衛門・富田彦左衛門）、藩による干鰯買上げの停止と、他国津出の禁止を達する	伊東二—三九・『海運史』
天明八年（一七八八）	一月一六日	領内の需要が終了するまで、干鰯などの屎物の移出を厳禁する	『史』九・羽鹿九一（岡野）
寛政三年（一七九一）	五月	改作奉行、以後新川郡町方からの干鰯積廻し時にも改作所が聞届けることとする	羽鹿九三（岡野）

寛政九年（一七九七）	二月	算用場、干鰯は領国内で取扱うので無口銭であるから、余剰分の他国津出は四十物同様に三歩半口銭を取り立てることを命じる	岡部家文書
享和二年（一八〇二）	五月四日	算用場、干鰯を含む屎物すべての移出を禁じる（寛政九年の方針撤回）	『法』六・羽鹿九四（岡野）
	一〇月	改作所、土屎・むし屎の拵えを督励する	羽鹿九四（岡野）
享和三年（一八〇三）	正月	改作奉行、諸郡屎物代銀「百貫目之銀子」割当ての立て直しを命じ、自力を以て屎物が行届かない者へ貸し渡すように命じる	『法』四（「司農典五下」）
	八月晦日	能州郡奉行・砺波射水郡奉行、以後は屎物の領国内積廻しの改作奉行への願出を遠所は御扶持人十村裏書で聞き届け、毎月送切手を取り揃えて役所に提出するように命じる	羽鹿九四（岡野）
	一〇月一六日	算用場、干鰯の樽を一斗五升入とし、算用場の検印を受けるように命じる	『史』一一・羽鹿一九（近世）
	一二月一五日	口郡十村が屎物津出裏書のために四組に組分けする	羽鹿九四（岡野）
文化元年（一八〇四）	正月二八日	能州奥郡十村、屎物を入津先が安宅など一二か所であると能州郡奉行に報告する	『史』一一
	二月一四日	御郡所、能州奥郡に干鰯計量の枡に極印を打つ足軽を廻らせる	『史』一一
文化二年（一八〇五）	三月二二日	能州郡奉行、屎物津出積出し高の毎月組々の届けがまちまちになっているので、以後一一月に年中積出し高を申告するように命じる	羽鹿九五（岡野）
文化八年（一八一一）	一〇月	能州郡奉行、油・大豆・唐竹・たばこ等とともに干鰯・屎物が他国津出制禁であると算用場に届ける	『法』六（「浦方御定」）

文化一〇年（一八一三）	三月	砺波郡十村、干加仕法を立てて、改作奉行の許可を得る	『海運史』
文化一一年（一八一四）	九月晦日	能州郡奉行、屎物・灰は油粕同様に御扶持人十村の裏書をもって津出することを命じる	『法』六（「御郡典」）
文政元年（一八一八）	七月一四日	算用場、浦々での口銭取立について達する中で、砂干鰯・鯡・さざめなどの屎物は口銭がないとする	『史』一二
天保五年（一八三四）	二月	算用場、屎物が払底しているため、干鰯などを領外に漏らすことを禁じる	『史』一四
天保七年（一八三六）	二月	新川郡惣年寄、鯡・干鰯などの買入仕法書を作成する	『富山県史』
天保八年（一八三七）	八月一七日	郡奉行（能州口郡主附）、入津船の鯡などを見分し、指定値段に引合う場合は知らせ、引合わない場合は出帆するように口郡十村に命じる	『法』四（「司農典五上」）
天保九年（一八三八）	九月八日	改作奉行、諸郡屎物払底のため、来春に向けて山草を刈り取った量の申告を命じ、蒸屎作成を督励する	『法』四（「司農典五中」）
	九月晦日	郡奉行（改作方専務）、屎物延売代銀の支払いが滞らないように諸郡惣年寄・年寄並に命じる	『史』一四
天保一〇年（一八三九）	三月一四日	改作奉行、干鰯などの屎物は諸郡で指支えがなければ、売先の願書付を役所へ差出し、裏書をもっての津出を命じる	『法』六（「浦方御定」）
	―	この年、伏木湊に砺波郡屎物蔵の設置を願い、許される	川合文書
天保一一年（一八四〇）	二月二五日	改作奉行、屎物商人所持のほしか升を統一するため、三月一五日までに改作所に指出すように命じる	羽鹿二三（近世）

天保一二年（一八四一）	五月	屎物代取立方主附福野村六兵衛・杉木新町新助、砺波郡屎物仕法を改作奉行に願う	『福野町史』
天保一四年（一八四三）	二月	改作奉行、諸郡貸渡し屎代百貫銀について、享和三年正月の申渡しの通りとするよう命じる	『法』四（「司農典五下」）
嘉永三年（一八五〇）	七月二八日	改作所、享和二年の土屎・むし屎拵えの申渡しを引いて、土屎拵方仕法を立てるように諸郡十村に達する	『福野町史』
嘉永五年（一八五二）	一二月一四日	算用場、鯡・干鰯に他国入口銭の半高、代銀百匁につき四分を取り立てるように命じる	『法』六（「御郡典」）
嘉永六年（一八五三）	一一月	算用場、来年より松前物屎物を用いず、以前に立ち帰り、なるべく領内で調達するように命じる	羽鹿二五（近世）
嘉永七年（一八五四）	二月	改作奉行、松前物屎物の代銀支払いが滞っているため、等閑の者は家財売払い・切高で指引きするように命じる	羽鹿二五（近世）
	三月一九日	当年より松前物屎物が禁止されたと受け取る向きがあったため、嘉永六年一一月の算用場達が撤回される	羽鹿二五（近世）
安政二年（一八五五）	二月一〇日	干鰯など他国出津願は、以後、改作所へ一通、御郡所へ二通差し出すことになる	『法』六（「浦方御定」）
文久二年（一八六二）	六月	砺波郡一四組惣代、越後国柏崎渕岡屋西松を通した百姓中用米内五〇〇〇石による松前鯡の直買仕法を十村中に願う	『砺波市史』
	七月	砺波郡御扶持人十村、射水郡六渡寺村湊屋清右衛門・清次郎を通した屎物鯡等買入仕法を取り決める	『砺波市史』

慶応二年（一八六六）	一一月	砺波郡一四組村々、産物方が松前で買揚げた鯡五万貫目を購入する	杉野家文書

※出典:『史』=『加賀藩史料』第一～一五編（一九二九～四二年）、『法』四=石井良助編『藩法集四　金沢藩』（創文社、一九六三年）、『法』六=石井良助編『藩法集六　続金沢藩』（創文社、一九六六年）、『海運史』=高瀬保『加賀藩海運史の研究』（雄山閣出版、一九七九年）、『富山県史』=『富山県史』史料編Ⅲ近世上（加賀藩上）（富山県、一九八〇年）、『福野町史』=『福野町史』古文書編（福野町、一九九一年）、『砺波市史』=『砺波市史』資料編二近世（砺波市、一九九一年）、羽鹿（近世）=「羽鹿政令」（金沢市立玉川図書館近世史料館郷土資料〇九〇―六一二）、羽鹿（岡野）=「羽鹿政令」（宝達志水町教育委員会所蔵十村岡野家文書）、日暦=「日暦」（金沢市立玉川図書館近世史料館加越能文庫一六、六三―七六）、伊東=「御用留」（富山県立図書館所蔵伊東文書）、岡部家文書=「津留方等御触一件」（宝達志水町教育委員会所蔵十村岡部家文書五九八九）、川合文書=「諸事御触留　下」（富山大学附属図書館所蔵川合文書二八〇一〇〇〇）、杉野家文書=「当年松前浦より御買入屎物鯡組々割符書上申帳」（富山市郷土博物館所蔵杉野家文書（七）農林業四二）。

第II部

イワシ・ニシンから見た蝦夷地と畿内

第一章　ニシンの歴史

菊池　勇夫

1　ニシンの生態と資源変動

ニシンの呼び名

ニシンは漢字では鰊（れん）あるいは鯡（ひ）と書く。生・塩ニシンをカドと呼ぶ地域があり、その際にはニシンは乾燥させた身欠（みがき）ニシンを主に指して区別された。春三月〜五月頃に産卵のため岸に群来し漁期を迎えるので春告魚（はるつげうお）の異名がある。青魚（せいぎょ）の名もあるが鯖（さば）をもいい、中国では鯖の字がニシンを表すとのことである（『大漢和辞典』）。ニシンがどのように呼ばれ、書かれてきたかは一様ではなかった。以下、ニシンを一般的に用いるが、史料・文献に拠って書くときには、どのように表記してきたかもニシンの歴史なので、鰊・鯡の字を併用することとしたい。そのほかの近世の用字も同様である。

江戸中期から明治時代にかけてのおよそ一五〇年は、ニシンが列島社会の食料と農業の両方を基盤的に支えた主要資源であった。食料の面では、その期間より長い歴史をもつが、東北地方などでは身欠ニシンがタンパク源として塩サケと並んで貴重な保存食となったし、農業の面では、北陸や畿内（きない）、瀬戸内地域を中心に商業的農業にとって欠かせない肥料であった。ここではそうしたニシンの時代を、主に肥料に重点を置いて述べることにするが、その生産、流通、消費の一連の過程が存在し、環境や技術といった側面も深く関わっている。それらを詳しくは述べきれないが、全体のイメージがつかめるよう心掛けてみたい。なお、食料利用については部分的にとどまるので、旧稿を参照していただけるとありがたい（菊池二〇一二）。

ニシンの種類と資源変動

ニシンという魚は、系統的にはニシン目ニシン科に属し、同じニシン目にはカタクチイワシ科があり、またニシン科にはニシンのほかマイワシも含まれ、日本近海ではマイワシ、カタクチイワシ、ニシンの三種類が回遊し、漁業資源として活用されてきた。ニシンをカドイワシと呼ぶところがあるのは、同種の青魚という感覚があるからだろう。ニシンは北半球の北のほうに棲み、太平洋ニシンと大西洋ニシンに大きく分かれている。日本は太平洋ニシンの分布域で、北海道を中心に北日本で漁獲されてきた。こうした近海ニシンにもいくつかの系群のあることが知られ、(1)湖沼性地域型（風蓮湖系・能取湖系など）、(2)海洋性広域型（北海道サハリン系）、(3)海洋性地域型（石狩湾系・万石浦系）、そして(1)(2)の中間型の四つに分類されるという（小林二〇〇二）。

このうち、近世から近代にかけて漁業資源として最も多く漁獲され、利用されてきたのが北海道サハリン系のニシンで、日本海沿岸のサハリン（樺太）から北海道・北東北、さらに佐渡島あたりまで分布していた。北海道の水産物統計が知られるのは一八七〇年（明治三）以降であるが、一八九七年に一二六万二五六二石（『新撰北海道史』七、現在の統計では九七万三七七六トンとする）という最大の数量を記録した。その後は減少傾向にあり、一九五五年頃にはほとんど獲れなくなった。北海道サハリン系のニシンが回遊しなくなったからである。ニシンで賑わった時代は過去のものとなった。しかし、近年、資源復活の努力によって、往時にはおよばないにしても、石狩湾系ニシンが沿岸に寄せるようになってきている。

図１　上：鯡漁図、下：ヘロキ〈鯡〉写生
出典：秦檍丸「蝦夷島奇観」
（寛政 12 年（1800）写、東京国立博物館所蔵　Image: TNM Image Archives）

ニシン資源の変動（減少）はどのような理由によるのだろう。人為的な乱獲の影響や、自然的な海洋環境の変化、それをもたらす大気との相互作用といったことが考えられ、ニシンとマイワシ・スケトウタラの資源変動は逆相関にあるという（小林二〇〇二）。海洋環境の一つの指標である沿岸水温の観測データと漁獲量の変遷の相関関係を調べた研究によると、北海道サハリン系ニシンは低水温の年代のほうがその再生産に有利に働き、高水温のときが不利になると指摘されている（田中二〇〇二）。そのほとんどが近代以降の統計や観測にもとづいての研究であるが、近世の豊凶でも参考になろう。

近世におけるニシンの豊凶

近世でも、ニシン漁がさかんになりはじめた一八世紀中後期については、漁民らの感覚的な認識であるが豊凶の様子が知られる。表1に、主に『松前町史年表』によって、ニシンの豊漁・凶漁をまとめてみた。表中の松前（まつまえ）は和人地全体（江差（えさし）、箱館含む）を指す場合と、松前城下（福山）を狭く指している場合とがある。幕末を除き、渡島（おしま）半島南部の松前（松前地・和人地）を中心とした概況になるが、豊漁と凶漁を繰り返してきた様子がうかがわれる。傾向としてはおおむね、①一六九九年（元禄）に漁がなく、②一七六〇〜七五年（宝暦・

表1　ニシン（鰊）の豊凶年表

和暦	西暦	事項
元禄12	1699	春3月より4・1まで鰊漁全くなし。
正徳 3	1713	鰊薄漁。4月藩主矩広、八幡・神明参詣、翌朝泊川大漁。
宝暦10	1760	鰊大漁。処置に困り漁民砂に埋める。
明和 6	1769	松前（和人地）鰊漁、この年より8～9年豊漁。
安永 5	1776	この年～翌年、福山地方鰊凶漁傾向。蝦夷地追鰊増加。
安永 6	1777	松前（和人地）鰊漁、この頃を境に減少。江差在打撃大、蝦夷地への出稼ぎ増加。
天明 2	1782	〔この年より寛政7まで14年群来無し　A〕
天明 3	1783	〔江差群集、松前へはすみかねを打ったように集まらず　B〕
天明 4	1784	江差皆無（天明2より凶漁続き）。鰊漁の中心、西蝦夷地セタナイ～ウタスツ辺に移る。
寛政 1	1789	江差村および在々百姓、鰊不漁につき蝦夷地での大網使用・〆粕製造禁止を嘆願。松前近在の者、鰊不漁で蕨の根を掘り食料とする。
寛政 2	1790	西在、鰊漁皆無。藩、救米・救金を下付。12月、西在百姓、栖原屋・阿部屋の大網・油締に不漁の原因あるとして騒動。
寛政 5	1793	9月上在惣名主・百姓、連年不漁・当春皆無のため、明年のイシカリ辺出漁を願い、許可。
寛政 6	1794	この年以来セタナイ～オタスツ凶漁。以北の追鰊が盛んになる。
寛政10	1798	〔木古（きのこ）村、この14～15年鰊漁なく困窮　C〕
文化 6	1809	西在の前浜鰊漁回復。漁獲高に応じ冥加金を徴収。
文化10	1813	箱館鰊大漁、江差鰊漁近来稀なる大漁。古来の通り鑑札交付し、船別に役金徴収。
文政 1	1818	前浜鰊漁復活、江差および江差付在々より南蛮売役金徴収を再開。
文政 2	1819	箱館・茅部、この年より翌3年春鰊漁不漁、小前漁民難渋。
文政 6	1823	3・24～25、松前前浜に鰊大群来。
文政 8	1825	松前前浜に鰊大群来。
文政11	1828	3・9～11、松前前浜に鰊大群来。
天保 2	1831	箱館前浜、茅部鰊不漁。
天保 8	1837	〔前浜鰊漁皆無同様、鰊漁中外漁の鱒網・ほっけ網・鮑突御免願。去春は鰊漁相応　D〕
天保14	1843	近年鰊不漁。藩、来春の前浜鰊取早切役・小廻冥加を免除、蝦夷地追鰊取の早切役を軽減。
弘化 1	1844	西蝦夷地本年不漁。江差市在の者、小前の者よりの早切役免除など願い、9月許可。
安政 1	1854	〔前後およそ10年、福山・近在鰊皆無、江差近在も薄漁続き　E〕〔江差村、当年鰊漁無し、近来続いて不漁　F〕

安政 2	1855	箱館奉行、3月近年希なる鰊大漁で質素を守るよう触れ。4月乙部～熊石8ヵ村漁民、西蝦夷地に入り大網切断、積丹半島に至る。
安政 4	1857	〔銭亀沢村・石崎村・木古内村、近年不漁　G〕
安政 6	1859	〔以後、鰊漁回復、大漁続く　H〕
万延 1	1860	〔リイシリ場所出稼鰊取、当年不漁。昨年は相応の漁事　I〕
文久 1	1863	〔イワナイ場所近年打続き薄漁　I〕
慶応 1	1865	〔フトロ・アツタ場所近年不漁、当年も不漁　I〕
		〔ルルモツベ・トママイ不漁、フルビラ・ヨイチ大漁　A〕

出典：『松前町史年表』（松前町、1997年）に拠り、他の史料（A～I）で補った。
A「常磐井家文書」（『福島町史』1史料編）、B「東遊記」（『日本庶民生活史料集成』4）、C「蝦夷日記」（同前）、D「湯浅此治日記」（『松前町史』史料編2）、E「西蝦夷地網切並建網冥加之覚」（同前）、F『村垣淡路守公務日記之二』（大日本古文書　幕末外国関係文書附録3）、G『入北記』、H『江差町史』5、I「番日記」（前掲『松前町史』）

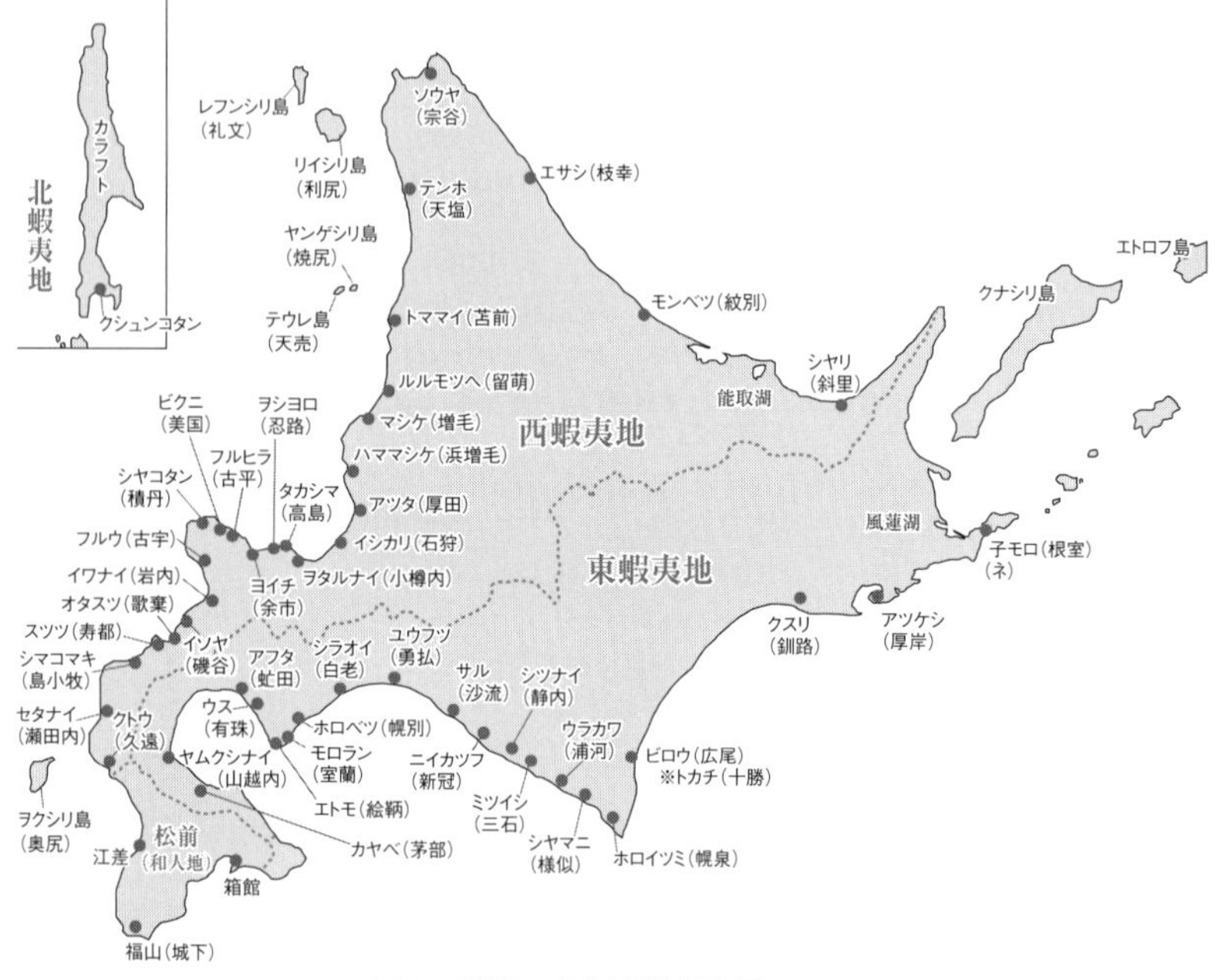

図2　近世の北海道関係地図
出典：『北海道史附録地図』（北海道庁、1918年）をもとに作図

明和・安永）頃は豊漁、③一七七七年（安永）より不漁勝ちになり、一七八二〜九八（天明・寛政）は凶漁（不漁・皆無）、④一八〇九〜二八年（文化・文政）は豊漁、⑤一八三一〜五七年（天保・弘化・安政）は不漁・薄漁、そして⑥一八五九年以降（幕末）大漁（江差）、となっている。凶漁はとくに程度の激しい不漁を表現している。およそ二〇〜三〇年周期で繰り返していたことになる（菊池二〇〇三）。

こうした凶漁・不漁を契機として、松前地の漁民は西蝦夷地に出漁（出稼ぎ）していく。追鰊というが、蝦夷地の各場所は商人が請け負っており、その請負人に漁獲高の二割を上納したので、その業者は二八取とも呼ばれた。③の時期に追鰊が本格化しはじめ、口場所のセタナイ〜オタスツに出漁し、やがてその場所も不漁になり、以北のイシカリ場所など中場所へ進出した。⑤の時期にはさらに奥場所への出漁が認められた。

③の寛政元・二年（一七八九・九〇）、江差地方の漁民は、前浜の不漁の原因が西蝦夷地における栖原屋や阿部屋といった有力請負人による、〆粕・油用に大網を用いた大量捕獲にあるとしてその禁止を求めて嘆願、騒動となった。また、⑤の安政二年（一八五五）には、同様の理由で積丹半島まで入り込み、請負人の大網を切断するという実力行動におよんでいる。漁民たちは差網を用いた小規模漁法であるのに対して、請負人の西蝦夷地での大網

漁法は大量に獲ってしまうという利害対立であった。

西蝦夷地の豊凶についていては、表1だけでは不十分であるが、③の寛政六年（一七九四）、⑤の弘化元年（一八四四）、および幕末の不漁が知られる。幕末の場合、かなり地域差もあるようで、場所ごとにみていかなくてはならないが、西蝦夷地内でも不漁が広がっていった。不漁の原因には、〆粕需要の増大にともなう乱獲もあるだろうが、〆粕生産には大量の燃料薪が不可欠で、そのための沿岸部の雑木林伐採による資源環境の悪化が懸念されていた。また、右の③・⑤の凶漁・不漁は本州（東北地方など）の大凶作・飢饉年に重なる、あるいはそれに続くように起きていたことを指摘したことがある（菊池二〇〇三）。

旧稿ではまだ、前述の海洋環境の変化による資源変動（魚種交替）にまでは関心が及ばなかった。③・⑤の不漁・凶漁期が続いたあとに④・⑥の豊漁期がきていたことを考えると、周期的な資源変動もまた念頭におく必要があろう。東蝦夷地になるが、場所によってはニシンが捕獲されている（後述）。天保年間（一八三〇〜四四）の記録に、虻田、有珠、室蘭、絵鞆では往年漁獲があったが、近年は鯡漁がなく鰯のみとなったという（北水協会一九七七）。これはニシンとイワシの魚種交替をうかがわせる。西蝦夷地では具体的にどうなのか、今は述べる材料を持たない。資源変動や気候変動など自然科学の成果を参照しつつ、歴史研究としては人間が経済活動によって自然・環境に及ぼしてきた人為的作用を子細に明らかにしていくのが役割なのであろう。

2　商物としてのニシン

アイヌと松前地漁民

ニシンは一七世紀初め、イエズス会宣教師の報告にあるように、蝦夷地のアイヌの人々が松前城下にやってきて行うウイマム交易（城下交易）で松前藩にもたらす交易品の一つであった（H・チースリク編『北方探検記』）。アイヌ語ではニシンをヘロキという。その交易はやがて、松前藩主や上級家臣の交易船が知行として与えられた商場に交易船を派遣して行われる形態に変化する。そのもとでも、寛文九年（一六六九）シャクシャインの戦いの頃の、「松前上口」（西蝦夷地）から出る商物には、から鮭（干鮭）、串貝（干し鮑）、真羽（鷲の羽）などともに、「にしん、数の子」が含まれていた（「津軽一統志」『新北海道史』七）。「松前下口」（東蝦夷地）にはそれがみえないので、ニシンは西蝦夷地の産物であった。

その後、宝永七年（一七一〇）の松宮観山「蝦夷談筆記」（『北方史史料集成』四）には、蝦夷地産物の「鯡」として身欠、鯡披、数子、干鯡があげられている。また、元文四年（一七三九）頃の「蝦夷商賈聞書」（『松前町史』史料編三）によると、西蝦夷地の臼辺地～尾樽内の各商場の産物として鰊・数子があり、古平では他に「鰊油物」があった。東蝦夷地でも、カヤベ～ヱトモの「出物」に「鰊・数子」がみられる。この「鰊」には数子（鯑・カズノコ）以外の身欠などのニシン物を含むのであろう。この後、商場知行が商人の請負に移行してからも、西蝦夷地ではニシン製品がアイヌ自前の主要な交易品であったことに変わりがなかった。

いっぽう、松前地もとくに西部はニシン場で、米づくりのむずかしいその地の住民にとってニシンは「島のいのち」であった（菊池二〇二〇）。松前藩は検地によって土地の生産高（石高）を把握することはなく、畑作をしていても年貢は納めなくてよかった。そのかわり、鯡取役・昆布取役・薪役が課せられていた（「蝦夷談筆記」）。享保二年（一七一七）の「松前蝦夷記」（『松前町史』史料編一）によると、松前の西東村々から松前藩が収納した品は鯡一四丸（一丸＝鯡二〇〇本結び）であった。西在郷（城下以西）では、家の大小に関係なく、鯡の背の方を取って干し、これを「みかき（身欠）」と名付け、その残りを「ほし端鯡」と名付け、別々に商うのが常の商売であった。藩に納める右の鯡は背を取らない「丸干鯡」のままだった。「鯑子」の収納はないが、「寄せ子」といって、鯑子の皮を取って、それをいくつも寄せて藁で巻き、日に干したものが西在郷より納められた。

田畑の養い物

右の「松前蝦夷記」は、諸国より松前（福山）や西東の澗（江差・亀田）へ何百艘と入船し、松前や江差から鯡や鯑子・白子を積んで中国・近江路へ登り、田畑作の「こやし」にしていると記している。元文四年の坂倉源次郎「北海随筆」（『日本庶民生活史料集成』四、以下『日庶』と略記）にも、干鯡が南部、津軽、出羽、北国、近江へかけての田家で用いると記されている。北東北で肥料としたか疑問なところもあるが、ここから一八世紀前期には近畿・中国方面への肥料用として移出・販売されていたことが知られる。

一七八〇年代になると、肥料としてのニシンの様子がだいぶ詳しく観察されるようになる。天明四年（一七八四）、江差に渡海した平秩東作の「東遊記」（『日庶』四）をみてみよう。ニシンの白子が「田畠の養ひ」になり、むかしは「北国」（現北陸地方）のみで用いていたが、今では北国はもちろん、若狭、近江より五畿内、西国筋では残らず「田畠の養」とし、干鰯より「理方」（利方）があるとしている。関東ではまだその利益のあることを知らないのだという。北国から畿内・西国に広まり、関東では未使用という認識であった。数の子は国々に行き渡り、鯡の背のほうは身欠といって「下賤のもの」の食物となり、上方の煮売店ではもっぱらこれを用いるとも記している。身欠を取ったあとの腹の方を、首・尾にかけて干しあげたものが肥料となった。「松前蝦夷記」の干し端鰊にあたるだろう。身欠きとそのほかを切り離さないものをササキ、尾鰭・頭などの捨てるところを集めたものを笹目と説明するが、その後とは違うところもある（後述）。

平秩が訪ね「鯡漁の第一」と記した江差は、通常ならば、二月彼岸（新暦では三月下旬）の頃から約五〇日の間、ほぼ七日ごとに群来し（これをクキルという）、群来があると、一日で一万両程の漁高となった。二月末よりこの魚を買おうとして諸国の船が二、三百艘も江差浦に船繋ぎして待った。取った鯡は「ラウカ」（廊下）と呼ぶ納屋に入れておき、三日ほど過ぎて男女が集まり鯡を裂いた。漁期には他国からも働き手がやってきて、怠けることなく働く者は、三ヵ月に三〇両、四〇両の金子を得て国へ帰ったという。これを「見聞せざるものは信用せず」と、想像できない賑わいぶりであった。ただ、表1によると天明四年は江差浦皆無という凶漁の年であったので、諸国の船が空船のまま帰るものが多かった。

これより八年後になるが、寛政四年（一七九二）、西蝦夷地の海岸を北端のソウヤまで歩いた串原正峯（くしはらせいほう）の「夷諺俗話（いげんぞくわ）」（『日庶』四）がある。ソウヤ場所におけるアイヌの人々の鰊漁と鰊交易のことが書かれている。鯡を取る網は網の目が二寸三、四分、網の幅が目の数三九〜四〇位、長さが二丈七尺で、これを一把とし、五把で一放しという。図合船（ずあいぶね）（和人の漁船・運搬船）には六人、夷船（えぞふね）（アイヌの縄綴船（なわとじ））には三人が乗り、鯡の厚薄により二〜五放しの網を用いる。取った鯡は「もっこふ」（畚（もっこ））に入れて、ナツボ（魚坪）と呼ぶ揚げ置き場所へ運ぶ。鯡つぶしといって、鯡の腸を取るのは女、鯡を繋ぐのは男の仕事であった。蝦夷地では二〇疋ずつで一連、一〇連で一束と数えた。シャモ地（和人地）では一四疋一連、一三連一束と違っていた。納屋と呼んでも、浜辺に柱を立て、その上に横木を渡した簡素なものであるが、それに束ねた鯡を懸けて三四、五日も乾した。

鯡を裂くには、頭の際より尾の際まで左右に切り下げるが、これを「みがき鯡」、また鯡を二つに割って、片方が骨付きのものを「外割（ほかわり）」といった。「目切鯡（めきり）」は干し立てなどの際損じて頭のないものをいった。鯡つぶしのときに、数の子、白子（しらこ）、笹目（えら）に選び分け、白子・笹目は上方へ廻して「田畑のこやし」に用い、他の「こへ（肥）」より田地に合うのだという。アイヌと場所請負人との交易にあたっては、請負人から米・酒・小間物などがもたらされ、米八升入り一俵につき鯡六束の交換比率となっていた。

〆粕生産の始まりと展開

表2に、蝦夷地幕領期の文化年間（一八〇四〜一八）になった村山伝兵衛「松前産物大概鑑」（『日本農書全集』五八）によって、あらためて「松前産物鯡」の種類をまとめておいた。この時期になると、全国市場の需要に応えて、細かく分けられて製品化された。近世の資源利用の特徴であるが、鯡においても捨てるところなく、すべて利用しつくしていた。ここには前述したものとは異なる製品が登場している。鯡〆粕である。鯡を生のまま釜で煮て絞り（油を分離）、その粕を干しあげたもので、値段は砂金一〇匁、銭に換算して六貫文で、目方四七貫目くらいにあたる。煮釜は平釜で、差し渡し二尺三、四寸ほどで、二釜煮ると粕二〇貫目入の莚立一本になり、一〇釜煮ると油四斗入一挺ができる。どんな魚の粕でも釜数に応じて右の割合でできるとしている。

一八世紀にニシンの主産物となる〆粕生産の開始時期は、先の「東遊記」や「夷諺俗話」では観察されていないので、一七九〇年前後の頃までは〆粕生産はそれほど行われていなかったであろう。しかし、前述のように表1の寛政元・二年（一七八九・九〇）にニシンの〆粕が出てきていた。寛政二年には江差近在の漁民三千人余が城下をめざして押し寄

表2　ニシン製品の種別

種　別	読み方	製法、単位
粒　鯡	ツ　ブ	生鯡を取り揚げたまま売り渡す。1丸＝200疋。
早割鯡	ササキ	生鯡の腹の鰊鯑・白子・笹目を取り除き、頭の方より尾の方へ背を欠き下げ、腹の方も同様欠き下げて干したもの。1連（つら）＝20疋繋ぎ。
胴　鯡	ド　ウ	早割鯡より身欠を取り去ったもの。10連＝1束＝目形2貫目〜2貫100匁位。1束＝1丸。（匁＝目）
外割鯡	ホカワリ	生鯡から笹目・鰊鯑・白子を取り除き、片身骨付のままにして、片身を尾の方へ欠き下げたもの、身欠取らず1疋のまま。1束＝目方2貫700〜800匁、3貫匁余。
身欠鯡	ミガキ	（上記参照）1把＝100本結、莚箇立1本＝並2800本入、撰2400本入。
鰊　鯑	カヅノコ	（卵巣）莚包1箇＝1本＝20貫目。売買時は莚800匁引き、正味目形で売買。
白　子	シラコ	（精巣）莚包1本＝24・25貫目入。売買時は惣目形を21貫目で割り本数とする。
目切レ鯡	メキレ	竿掛け干している時、風雨により頭が切れ落ち、腐り損じたもの。莚立1本、白子と同様に売買。
笹　目	ササメ	（えら）莚箇1本＝22〜23貫目入、惣目形高を21貫匁に割る。
鯡〆粕	シメカス	生鯡を釜で煮絞り、粕を干あげたもの。（詳しくは本文参照）
塩鰊鯑		二番群来の鯡を仕立。〔公儀献上・土産の類遣用〕＊一番群来は「走り」という）　2斗入＝1樽。
鯡　鮓	ス　シ	市・在で賄とし、小糠の塩漬け、頭・腹の子を除き丸漬。銭1貫200文位。〔土産・進物用、以下も同じ〕
背割鯡	セハリ	塩をして、頭付け、背を割り開きにして干し上げ。
切　込		頭・腹の子を除き、輪切りにして塩麹で漬ける。
刻　鮓	キザミスシ	右同様にして飯漬けする。
飯　漬		1疋のまま飯に漬ける。

出典：村山伝兵衛「松前産物大概鑑」（『日本農書全集』58、農山漁村文化協会、1995年）

せる騒動となったが（松前町史編集室一九八四）、当然それより早く、一七八〇年代半ば頃に大坂市場での需要に喚起され、場所を請け負う栖原屋や阿部屋といった新興の遠隔地商人は、大網で大量捕獲したニシンを使って〆粕生産を始めていたことになる。不足・高騰勝ちの干鰯を代替する肥料としてにわかに着目され、寛政一一年（一七九九）に東蝦夷地からはじまる蝦夷地幕領化のもとで、〆粕生産が促進されていくこととなった。一九世紀に入ると、場所によってはニシンの漁獲量の数値的な推移もわかるようになるが（中西一九九八）、ニシン肥料の内訳がどのような割合であったかまではなかなか知りがたい。

各場所のうち経年的に出産物の種別がある程度わかるのはヨイチ（余市）場所である（『余市町史』一資料編一）。文政四年（一八二一）以降のデータになるが、文政四年の場合、ニシン関係の「出荷物」では、筒鯡（胴鯡）一万四〇〇〇束、外割鯡九〇〇〇束、鰊鯑四五〇本、白子三二〇本、笹目二〇〇本、身欠一〇〇〇本で、そのなかに〆粕はみられない。その後天保九年までは、雑魚粕・鰈粕・鱈粕はあるものの、ニシンは同様の種別でニシンの〆粕はない。安政元年（一八五四）の「出産物積出高」になると、身欠鯡八三八四本（二四二八石余）、鯡〆粕三九一三本（二四一五石余）、撰数ノ子六八〇本（三六七石余）、並数ノ子六八四本（三四一石余）、白子九五四本（五三七石余）、笹目五二五五本（二七四四石余）、早割鯡一七一〇束（一一二石余）、筒鯡一七万五七五二束（八六八三石余）、鯡鱗九二本（四八石余）、囲筒鯡二九四二束（一三九石余）、同身欠鯡一八〇本（三六石余）となっている。筒鯡が多いものの、鯡〆粕がかなり生産されるようになっている。ヨイチ場所の場合、ニシンの〆粕生産の開始はやや遅かったものの、幕末になると〆粕生産へ傾斜していたことを示している。

松浦武四郎は、弘化三年（一八四六）にカラフト島（樺太）に渡ってその地を巡るが（秋葉實翻刻・編『校訂蝦夷日誌』二編）、クシュンコタンでみたニシン場の光景はヨイチ場所とはかなり異なっていた。カラフト島は栖原六右衛門・伊達林右衛門の共同請負で、運上金が一〇六〇両、クシュンコタンに運上屋を置き、雇いの支配人・番人ら（出稼ぎ和人）が派遣され、漁事の盛りにはアイヌ約一〇〇〇人がそこに集められ住んでいた。海岸には「魚竈（釜）」が立ち並び、その数は一一六あった。いずれも六尺（直径か）ばかりの釜で、鯡の漁事最中には一日の暇もなく焚き立て、それが終わって三〇日ばかりも休むと、今度は鱒漁が盛んになり、またこの釜で焚き出すのだという。ニシンもマスも〆粕となった。

武四郎の滞在中、八〇〇石あるいは一二〇〇〜一三〇〇石の船三四艘が荷物を積んだといい、一艘一〇〇〇石に均しても三万四〇〇〇石目になり、その石目に入らない船頭船方のホマチ（内証の余禄）荷を含めると五万石はあるだろうとしている。〆粕生産にほぼ特化された漁業経営となっている。上方の〆粕需要の高まりがカラフト島までその生産地につくりかえ、その主要な労働力がアイヌの人々であったことを知っておきたい。

幕末期の出産高状況

幕末期になるが、蝦夷地の各場所でどれくらいのニシン物の出荷物があったのか、表3に産物石数を示した。安政四～六年（一八五七～五九）の三ヵ年のうち二ヵ年分のデータが記載されるが、精粗や「調落」があり、一ヵ年分では把握しにくいので、鯡関係の石数が多い年の方をあげた。東蝦夷地についてはは鯡産物のない場所は省いた。なかには貫目（重量）表示のものがあるが、四千貫目＝百石（容積）と朱書されている。

これによると、ニシン漁は西蝦夷地が卓越しているのは論をまたないが、東蝦夷地でもニシン関係の出産物のある場所は一〇ヵ所ほどみられる。ヤムクシナイやアッケシ、クナシリは鯡〆粕の占める割合が比較的高い。ただ、アッケシはもう一年のデータにはその記載がなく（モロラン、ホロイツミ、子モロも同様）、ニシンの資源変動が大きかったといえようか。

東蝦夷地では他の魚種の〆粕が多かった。鰯〆粕（ヤムクシナイ、アフタ、モロラン、ホロ

表3　安政4〜6年 場所ごと産物石数〈石未満切り捨て〉

場所名	ニシン関係の産物	全産物合計	年
〔東蝦夷地〕			
ヤムクシナイ	鯡〆粕347石	581石	巳
アフタ	粒鯡19石	734石	午
ウ　ス	鯡粕98石、同油5石	116石	未
モロラン	生鯡26石、鯡〆粕44石、同油8挺。出稼分鯡〆粕24石、同油2石	170石	巳
シツナイ	小鯡〆粕508石、同油78石	2894石	午
ホロイツミ	鯡〆粕59石	5270石	未
クスリ	外割鯡360貫目、笹目233貫200目、白子120貫目、鰊鯑168貫700目	4925石	午
アツケシ	鯡粕3293石、同穴粕1376石	7068石	未
子モロ	鯡粕600石程（残荷物）	4304石	未
クナシリ	鯡〆粕1268石	1914石	巳
東地合計		5万6815石	午
〔西蝦夷地〕			
クトウ	鯡176石	190石	午
ヲクシリ	（鯡関係なし）	183石	未
セタナイ	鯡類210石（A）、同222石（B）、同1490石（C）	2083石	午
シマコマキ	鯡類920石（A）、同561石（B）、鯡類その外（C）1568石	3723石	午
スツツ	鯡類1334石（A）、同900石（B）、同800石（D）、同4762石（C）	7930石	未
ヲタスツ	鯡類897石（A・B）、同2216石（D）、同2032石（C）	5200石	午
イソヤ	鯡類205石（A）、同300石（B）、299石（D）、鯡類3203石（D）	4361石	未
イワナイ	（春夏漁業高、内訳示さず）	8953石	未
フルウ	（春夏漁業高、内訳示さず）	1万2477石	未
シヤコタン	鯡漁　3935石（A・B）、3396石（C）	7332石	未
ビクニ	鯡漁　2512石（A・B）、3940石（C）	6452石	未
フルヒラ	鯡漁　2738石（A・B）、1万6743石（C）	1万9481石	未
ヨイチ	鯡漁　3906石（A・B）、9701石（C）	1万3607石	未
ヲシヨロ	鯡漁　3619石（A・B）、8815石（C）	1万2434石	未
タカシマ	鯡3021石（A・B）、鯡6719石（C）	9750石	未
ヲタルナイ	（鯡カ）4644石（A・B）、3万7589石（C）	4万2234石	未
イシカリ	鮭漁（鯡記載なし）	7001石	午

アツタ	鯡漁　2880石（A・B）、1万1225石（C）	1万4106石	未
浜マシケ	春荷物1746石（A）、春荷物5088石（C）	6835石	未
マシケ	鯡3550石（A）、鯡1万5337石（C）	2万0919石	午
ルルモツヘ	鯡類2998石（A）、鯡類7059石（C）	1万3406石	午
トママイ	鯡1190石（A）、鯡7269石（C）	8784石	未
テシホ	（内訳不明）	220石	午
テウレ・ヤンゲシリ	鯡851石	851石	未
ソウヤ	鯡〆粕362石	399石	未
リイシリ	鯡類8776石、数の子187石、白子6石、鯡油32石、積出残鯡〆粕650石	1万0678石	未
レフンシリ	鯡〆粕1073石	1387石	未
ヱサシ	鯡〆粕94石、鰊鯑1石	96石	未
モンヘツ	鯡324石	336石	未
シヤリ	鯡〆粕53石、数の子2石、しら子3石	459石	午
西地合計		21万1591石	午
惣　合	（北蝦夷地＝カラフト除く）	26万8407石	午

巳＝安政4年（1857）、午＝同5年、未＝同6年。A～Dについては本文参照。
出典：「安政六年蝦夷地土人家数人別備馬員数産物石数諸品買入定直段調書」（『大日本古文書幕末外国関係文書之三十三』）

ヘツ、シラヲイ、サル、ニイカッフ、ミツイシ、ウラカワ、シャマニ、トカチ、クスリ、アッケシ）、鰯雑魚〆粕（ユウフツ）、雑魚粕（ホロイツミ、トカチ、子モロ、クナシリ）、チカ粕（クスリ、アッケシ）、鯱粕（クスリ）、コマイ粕（アッケシ）、鱒〆粕（ヱトロフ）、鱈粕（ヱトロフ）が記載され、ヤムクシナイ、ユウフツ、クスリ、アッケシ、子モロなどで主要な産物の一つとなっていた。〆粕需要は魚種を問わなかったのである。

西蝦夷地ではおおかたの場所で鯡が最大の出産物であり、ニシンを追って商人も労働者も北上し、富を蓄積し、あるいは生計を立てようとする人々の移動を想像することができる。場所によっては、A運上屋手取高、B二八役取揚高、C出稼（の者）取揚高、D出稼（浜中）より買上、と区分されている。Aは運上屋、すなわち場所請負人による直接の漁業経営になるもので、アイヌの自分稼ぎ荷物（交易品）と和人・アイヌの雇用労働による出産高、Bは二八役とあるので、場所請負人が二八取の出稼ぎから出産高の二割を徴収した高なのであろう。二八取はC・Dの出稼の者と同じで、やがて出稼から定住化へと進み、集落を形成し浜中と呼ばれることになる。CはBを除いた出稼＝浜中の出産高で、Dの記載があるのは、Cのうち運上屋へ売った分をとくに書き分けたからであろう。

鯡類あるいは鰊漁と書かれている場所では、その内訳がわからない。おそらくは〆粕に限られるものではなく、前述のヨイチ場所のような種別からなっているだろう。西蝦夷地北部やオホーツク沿岸の場所では、数の子や白子はあっても、身欠・筒鯡の製造はなく、〆粕生産に特化されている。ここではデータを欠くが、前述のカラフト（北蝦夷地）に似た様相である。西蝦夷地でも、ニシン以外の魚種の〆粕が生産されている。鯱〆粕（セタナイ）、鱈〆粕（リイシリ）、雑魚〆粕（リイシリ）、雑魚〆粕（レフンシリ）、チカ〆粕（シヤリ）、といったところで、セタナイを別にすれば、〆粕特化の場所と重なる。しかし、東蝦夷地のような鰯〆粕はみられない。

3　農業技術とニシン肥料

ニシン肥料の販路

松前・蝦夷地産のニシン肥料は日本海の諸港を往来する廻船（かいせん）（弁財船（べざいせん）、北前船（きたまえぶね））によって北陸、中国、畿内など西日本方面に運ばれた。近世ではその販路先や数量を全体的に知りうるようなデータはない。廻船の最後の目的地は大坂であるが、諸港から〆粕を必要とする農民にどのように売られていったかについてはここではふれなくてよいだろう（第Ⅰ部第三章・第Ⅱ部第二章参照）。

近代のデータになるが、明治二一年（一八八八）、府県より北海道庁へ報告した輸入石数がある（北水協会一九七七）。鰊絞粕（〆粕）は総石数七四万四三七〇石（代価六〇〇万九三九〇円、二九県）のうち、①兵庫一七万九二三五石、②大阪一三万四六一二石、③愛知一〇万五〇四四石、④徳島、⑤三重、⑥広島、⑦岡山、⑧福井、⑨山口（以上一万石超）、胴鰊（筒鯡）は総石数三二万八五九八石・五八四六箇（代価二三六万九三九八円、＊二〇〇箇＝一〇〇石、一九県）のうち、①富山一〇万四五六六石、②兵庫六万一五二五石、③福井二万七八三〇石、④岡山、⑤広島、⑥大阪、⑦石川、⑧滋賀（以上一万石超）となっている。鯡白子は五万五四五五石・一三五六箇（三一万二〇七三円、一三県）で、福井、島根、滋賀、大阪、広島などの順、鯡笹目は八万二二〇三石（六一万一八三八円、一六県）で、富山、広島、福井、石川、新潟などの順、鯡鯑粕は一万二二九六石（九万四九八円、九県）で、愛知、広島、三重などの順となっている。

この輸入品はさらに販路に乗っていくので消費地そのものではないが、およそは反映していよう。何といっても〆粕の割合が高く、大阪・兵庫から瀬戸内、および三重・愛知が最大の消費地であった。いっぽう身欠の副産物である胴鰊は兵庫・大阪・瀬戸内もあるが、とくに北陸の富山・福井・石川三県での需要が高かった。おそらくこうした傾向は近世以来のものである。これに対して関東では千葉四八〇二石が鯡絞粕に出てくるだけである（こののち増加）。東北も鰊絞粕に宮城五〇〇〇石、山形三〇〇〇石、胴鰊に山形一九石、秋田九九石、鰊笹目に山形一二七五石と、北海道に最も近接していながらきわめて少ない。ニシン肥料といっても全国的に流通したのではなく、日本海廻船ルートに沿って使用地域をひろげていったもので、〆粕と胴鰊などとでは使用の地域差がみられた。金肥（きんぴ）としての値段や、農作物との適性など、いくつかの要因が重なってのことであった。

大蔵永常『農稼肥培論』——干鯡の施肥

農作物への施肥でニシン肥料はどのように評価されていたのか、農業技術的な面に目を向けてみよう。まず、農学者大蔵永常の天保三年（一八三二）頃になった「農稼肥培論」（『日本農書全集』六九）である。「干鯡」という項目を立てて、鯡は鯑の親で、「松前の浦」で猟して干したものを越前・敦賀へ多く積んできて、そこから北国筋・江州辺へ越えてその近国で肥やしに用いるとし、畿内・北国以外の国では聞かないことで、たとえ用いてもわずかだろう、と述べている。

西国の豊後生まれの永常は大坂へ出て長く住み、文政八年（一八二五）に江戸に移っているので、その大坂時代の知識ということになる。ここで、特徴的なのはニシンの〆粕が出てこないことである。また、ニシン肥料といっても、「干鰊」としているだけで、身欠きと胴ニシン（端ニシン）の区別がされていないのも注意を要する。ニシン肥料は、越前・若狭から近江へ入り近国にひろまったというのは歴史的にはそうだが、すでにニシンの〆粕が直接大坂市場に入っていたはずであるのに、そうした変化に永常の目は届いていない。

施肥のしかたであるが、干鰯と変わることがないとしている。刻んで俵様のものに入れ、肥壺の中の水に浸しておくと溶け出し、この汁を植え物や田などに施す。綿には干鯡を切って根際に穴をあけそのまま施す「さし肥」にすることもある。また、干して粉にし、一反につき目方一五貫目ほどを入れる。田に振りまくこともある。効きかたは干鰯よりも強く鋭いと表現している。摂津国辺では、春の隙がある時、押切で細かく刻んで囲い置き、田植えの時に取り出して、田を耕したあぜへ振りまいてすき込み、水を入れてならし、そこに苗を植えるとよく、これを根肥といった。押切で切る図の説明に、ニシンの束ねたものが大坂塩物屋などに売っているとあり、肥しに使うニシンは洗って昆布巻にすると記しているから、胴ニシンではなく身欠が念頭にあるだろうか。大坂周辺ならではのことである。一反の田には金額にして銀二〇目（匁）分ほども入れるが、一駄で銀七〇目、高直のときは一二〇目もするというから、金肥を使った農業経営が肥料の価格変動にさらされていた。

木下清左衛門『家業伝』——無類のニシン〆粕

河内国八尾木の木下清左衛門が天保一三年（一八四二）に著わした『家業伝』（『日本農書全集』八）がある。河内木綿の産地で、米・菜種や綿を栽培する富農であった。永常より約一〇年後であるが、ニシンの〆粕が主要な肥料となっている。太子や天満の肥料商の店の名前をあげ、大坂からの舟賃も記しているから、大坂市場に入ってきた松前物であった。ニシン肥料として、「無類粕」と「羽ニシン」（端鯡・胴鯡）をあげている。

無類粕は黄金色で、細かく香りがあり、砂など交じっていないのが上々物、中湿地や冬肥、穴肥に適し、田に用いてもよいとする。綿を無類で作ると病気になりにくく、無類（ニシン）と「トリ」の〆粕の組み合わせの割合もあげている。「トリ」というのは、鰯を煮て油を取った「〆かす」のことで（油を取らないのが「ホシカ」）、油を取ったほうが効き目はよいが値段は高いと、右の永常が述べていた。いっぽう、羽ニシンについては、晴天に数日乾かして砕いて使うが、乾燥した土地に施すとよく少量でよい。冬作に使わないほうがよいが田肥にはよい、綿の二番肥にもよい、などとしている。

清左衛門は魚肥の位づけをしている。上位のものとして、鰹の削り、ネムロトリ、数ノ子、上サイキトリ（佐伯、現大分県）の四つをあげる。二位には、クナシリ、カラフト、マシケ、リシリをあげ、それよりもアッタのものは「下粕」だとしている。ネムロ（子モロ）場所では、執筆の頃にあたるだろうか、一万石位もノツケでニシンを産していたようで、その後取れなくなり、幕末に再興されている（白山一九七一）。このトリはイワシではなくニシンの〆粕とみてよいか。ちなみに関東物のイワシは、房州が一番で、これに本場、本場と九十九里の間、九十九里と続くランクづけであった。ニシンは鰯より値が落ちるとし、たとえば上トリ一〇貫目が銀三〇匁ならば、ニシンは一〇貫目銀二四匁など、価格差があった。

こうしてみると、木綿・菜種など摂河泉の最先端を走る商業的農業は、蝦夷地でも最北の場所での、ニシンの〆粕に特化した資本力のある場所請負人の企業活動とそのもとでのアイヌの人々の労働によって支えられていたということになる。

畿内だけでなく、中国地方の農書などでもニシン肥料について書かれている。また、明治農書での肥料論は、窒素、リン酸といった肥料成分に着目し、施肥技術を説いたのが近世とは異なっていた。これらについて紙数が尽きふれられない。明治四〇年前後には、中国東北部（満州）産の輸入大豆粕や過リン酸石灰など人造（化学）肥料が使用されるようになり、北海道産〆粕の一五〇年の時代は終わりを迎えることになった。

〈参考文献〉

菊池勇夫『東北から考える近世史』（清文堂出版、二〇一二年）

菊池勇夫『道南・北東北の生活風景』（清文堂出版、二〇二〇年）
菊池勇夫「蝦夷島の開発と環境」（同編『日本の時代史一九　蝦夷島と北方世界』吉川弘文館、二〇〇三年）
小林時正「北海道におけるニシン漁業と資源研究（総説）」（『北海道立水産試験場研究報告』六二、二〇〇二年）
白山友正『増訂松前蝦夷地場所請負制度の研究』（巌南堂書店・慶文堂書店〈発売〉、一九七一年）
田中伊織「北海道西岸における二〇世紀の沿岸水温およびニシン漁獲量の変遷」（『北海道立水産試験場研究報告』六二、二〇〇二年）
中西　聡『近世・近代日本の市場構造』（東京大学出版会、一九九八年）
北水協会編『北海道漁業志稿』（国書刊行会、一九七七年）
松前町史編集室編『松前町史』通説編第一巻上（松前町、一九八四年）

第二章　畿内の肥料取引と農村

高槻　泰郎

1　江戸時代の農村と市場経済

市場経済と向き合う怖さ

本章では、畿内農村における肥料取引を観察することを通じて、江戸時代の農村と市場（しじょう）経済との関わりについて論じたい。

市場経済──何気なく使うこの言葉を、もう少し丁寧に言い直すと、市場でついた価格にもとづいて人々が意思決定し、行動する社会、と書くことができる。何を当たり前なことを、と思われるかも知れないが、もし皆さんが組織に「雇用」されているとすれば、皆さんは市場経済から一時的に隔離されていることにお気づきだろうか。

もし皆さんが市場取引の真っ只中に放り出されているなら、皆さんは毎日、組織と契約を結ばなければいけない。今日、組織に拠出する労働はこれで、その対価はいくらです、と。もちろん、そうした働き方をしている人もいるが、組織に雇用されている労働者は、一定期間、労働力を提供し、その対価として報酬を得る契約（一般に雇用契約と呼ばれる）を結ぶことで、右のような市場取引から隔離されている。

労働者として、市場と毎日向き合うのは大変だ。怪我をしたり、体調を壊したりしたら、しばらくの間は報酬が得られないかもしれない。仮に一定期間の雇用が保証されても、その期間が終われば職を失うかもしれない。市場メカニズムは、我々の労働力を最も高く評価してくれる雇用主を探してくれるかも知れないが、右のような不安を我々にもたらしもする。我々はともすれば「市場経済の発達」を社会の進歩ととらえてしまうが、社会の隅々まで市場が侵入してくることは、本来、とても恐ろしいことなのかも知れないのだ（もちろん、良い面も沢山あるのだが）。

市場経済と近世農村

人間は市場の浸透によって生じる不安を緩和する手段を講じてきた。右に紹介した雇用契約しかり、本章が以下に紹介する、近世畿内農村において富裕な家が提供したさまざまな契約もしかり、である。

江戸時代は、市場経済が進展した時代と言い切って差し支えない。このことは、言い換えれば市場と向き合うことのリスクに、為政者も含め、多くの人が直面するようになった時代であったということだ。生産したコメの価格が下落してしまうかもしれない。投下すべき肥料の価格が高騰してしまうかもしれない。そもそも肥料をお金で買って投下するという行為自体、市場経済に巻き込まれている証拠である。「金肥（きんぴ）の普及」と、我々が日本史の教科書で学ぶ変化は、農村が市場経済により深く巻き込まれていく過程なのだ。

こうした不安と、江戸時代の人々はどのように向き合ったのだろうか。このように問いかけた時、江戸時代は我々にとって遠い昔の時代ではなくなる。まさに今も拡張を続けている市場経済と向き合う、その方法を知る重要な道標を提供してくれる時代かも知れない。

本章において我々が観察するのは、近江国蒲生郡鏡村（おうみのくにがもうぐんかがみむら）（現滋賀県竜王町）に居住した玉尾家である。後述するように、鏡村の周辺地域は米作・麦作を中心とする地域であったが、肥料取引、米穀取引の両面において、近世初頭から市場取引が活発な地域であった。そうした地域にあって玉尾家は、手作経営、地主経営を営みながら、肥料、米穀を扱う商業活動にも従事していた。玉尾家は市場と農村とを結節する役割を担った家でもあり、また、その役割にともなう負担の増大に悩まされた家でもあった。以下、玉尾家による魚肥取引を観察することによって、江戸時代の農村と市場経済の関係性について考えていきたい。なお、本章の内容は、研究論文である拙稿（高槻二〇一三）を土台にしている。より詳細な内容はこちらを参照されたい。

2　琵琶湖東岸地域における魚肥流通

鏡村周辺の概況

本章が対象とする、近江国蒲生郡鏡村は、近江商人の本拠地の一つである近江八幡の西南方、野洲郡との境に位置し、中山道の武佐宿、守山宿の中間に位置する街道村であった（図1）。

『竜王町史』によって鏡村周辺の支配構造を確認すると、㈠幕府直轄領が少なく、旗本領が散在すること、㈡複数の領主によって支配される相給村が多いこと、㈢玉尾家の居住した鏡村は、近世初期から幕末に至るまで、一貫して仁正寺藩市橋家の支配を受けて

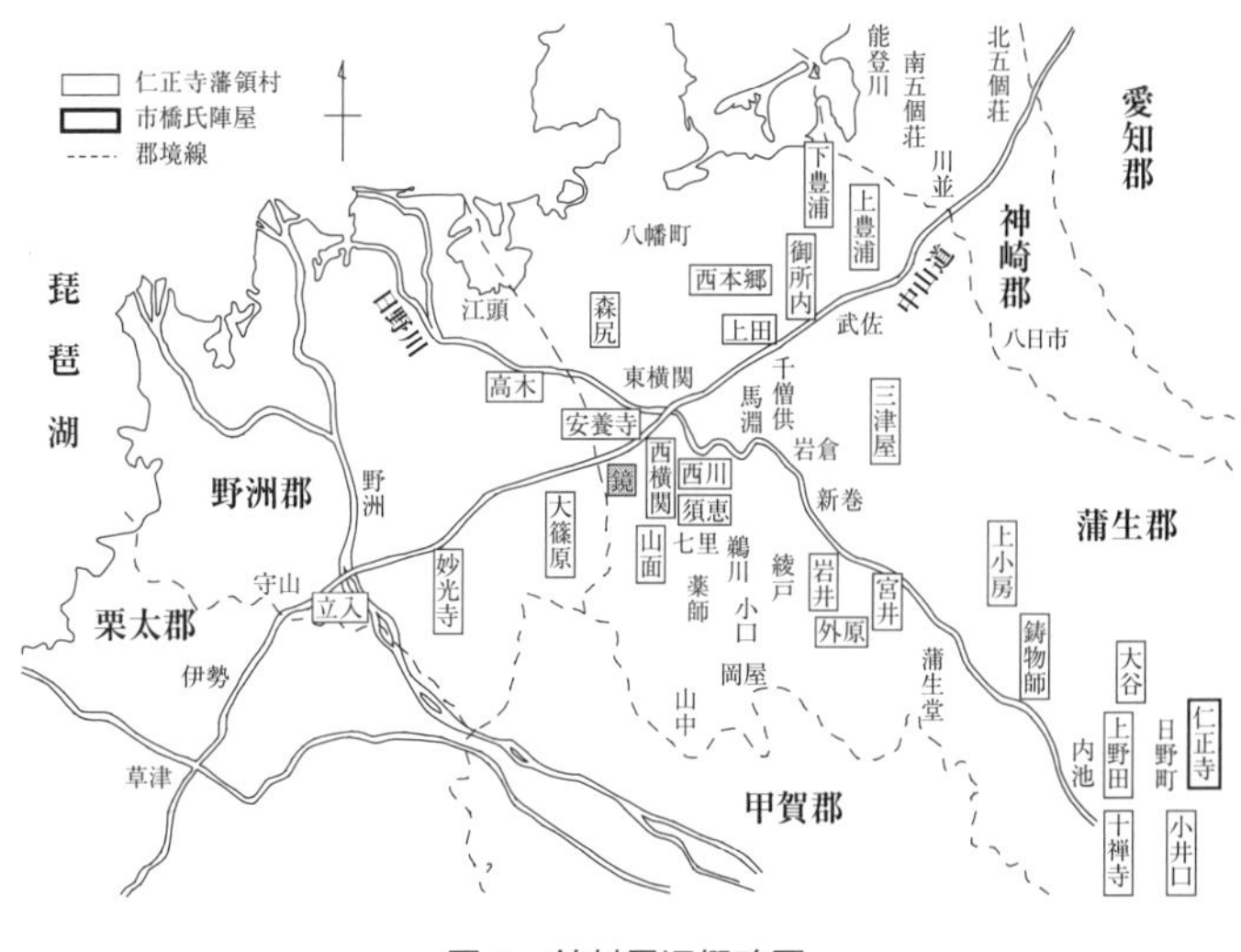

図１　鏡村周辺概略図
出典：高槻（2013）53頁に掲載の図を一部地名を省略して再掲

いたことが確認できる。また、鏡村周辺の稲作率は、おおむね八〇%を越えており、稲作中心の農業地帯であった。一八七八年における調査によれば、村外の市場において販売している生産品目は、米と茶に限られており、こうした農業構造は、近世以来、変化していないものと推測される（滋賀県市町村沿革史編纂委員会一九六二）。

また、魚肥利用が早くから普及したことも、当該地域の特徴である。近江国における魚肥利用は、遅くとも寛文期（一六六一〜七三）にはみられたとされる（古田一九九六・水原一九八四）。肥料流入港である敦賀と、琵琶湖舟運によって結ばれているという地理的条件から、琵琶湖東岸地域（湖東地域）では鰯肥料（干鰯・鰯〆粕）や鰊肥料（干鰯・鰊〆粕・白子など）が盛んに利用され、その結果、野洲郡、甲賀郡の事例によれば、一反当たりの魚肥投下額は、商品作物としての綿作が発展していた播磨国の農村を凌駕していた（古田一九九六）。琵琶湖東岸地域の農村は、一七世紀から肥料市場と密接に繋がっていたのである。

玉尾家の概要

鏡村にいつから玉尾家が居住していたのかについては明らかではない。同家過去帳によれば、慶安元年（一六四八）に没した玉尾藤蔵を中興の祖としており、慶長検地施行時には、高請百姓として存在していたと考えられる（国立史料館編『近江国鏡村玉尾家永代帳』、以下『永代帳』と略記）。屋号を米屋と称した一方で、五代定治（一六九四〜一七六五）の代より、玉尾藤左衛門を名乗り、これを代々世襲している。

明らかになる範囲で、玉尾家の持高の推移を見ると、元禄五年（一六九二）の約一七石から、宝暦六年（一七五六）年には約四三石へと増加し、嘉永期（一八四八〜五四）には約四八石と、その伸びが鈍化する（『永代帳』）。

玉尾家が鏡村の庄屋に就任したのは文化一一年（一八一四）を初めとするが、文化二年に仁正寺藩が徴発した御用金において、鏡村で筆頭となる金百両を、名指しで仰せつけられるなど、庄屋に就任する以前から富裕な家としての評判を確立していた。

玉尾家の農業経営

幅広く商業活動を展開した玉尾家であるが、農業経営も幕末に至るまで継続していた。玉尾家が記録した私用・公用日記である『永代帳』には、宝暦九年（一七五九）年の農業経営について、以下の点が指摘されている。

すなわち、㈠作付地である田方四町九反の内、手作は三町一反あまり、残りは小作に出していたこと、㈡貢租（こうそ）約三二石の内、約二一石を小作料収入に依存していること、㈢手作地からの総収量は一五八俵で、貢租米（二七俵）、給米（二〇俵）、肥料代（四八俵）、総高懸り物（一七俵）を引くと、残りは四六俵となり、「飯米には足り兼ね申し候」という具合であること、の三点である（『永代帳』）。この年は大豊年であると記されているが、それにもかかわらず、飯米を満たすことすらできない状態を「恐るへし」と歎いている。しかし、その一方で、家の諸入用は「商いにてもうくべし」と記している。農業の収益性の低さ、

表1　玉尾家の主穀生産

和暦	西暦	大麦	小麦	納	和暦	西暦	大麦	小麦	納
寛政元年	1789年	4.80	1.80	69.30	文政12年	1829年	6.60	0.86	57.45
寛政６年	1794年	4.40	2.70	63.20	天保元年	1830年	5.75	1.00	51.79
寛政８年	1796年	2.80	1.20	83.30	嘉永４年	1851年	5.55	0.52	32.04
寛政９年	1797年	5.60	1.60	53.00	嘉永５年	1852年	5.40	0.63	31.44
寛政10年	1798年	6.40	2.00	68.50	嘉永６年	1853年	5.70	0.47	14.34
寛政11年	1799年	4.50	1.70	57.65	安政元年	1854年	7.68	0.87	41.60
寛政12年	1800年	3.80	0.90	54.30	安政５年	1858年	2.00	0.35	16.33
享和元年	1801年	2.80	1.08	57.80	万延元年	1860年	3.66	0.10	16.93
文化９年	1812年	1.80	0.87	33.76	文久元年	1861年	3.03	0.03	14.65
文化10年	1813年	1.70	0.80	25.80	文久３年	1863年	2.80	0.30	18.12
文化11年	1814年	3.40	1.38	34.20	元治元年	1864年	3.00	0.28	20.91
文政11年	1828年	6.44	1.07	46.87	慶應２年	1866年	3.00	0.43	16.44

出典：高槻（2013）表１―１を再掲。単位は石。

その内に占める肥料代の重みをここから読み取ることができる。

ここで、同家による生産物を見てみよう（表1）。表作としての米作、裏作としての麦生産を主軸としているが、大豆と米穀の収穫高を合計した値である「納」の欄を見ると、寛政期（一七八九〜一八〇一）において最大の値を示しており、その後は化政期（一八〇四〜三〇）にかけて大きく落ち込んでいる。

投下肥料額の推移を見ても、おおむねそうした傾向が看取される。すなわち、「納」が最高の数値を示した寛政八年における肥料投下額は、約一貫四八五匁であるのに対して、嘉永六年（一八五三）は約七五九匁、文久元年（一八六一）は約三七一匁と、「納」の数値と共に減少傾向を示している（「作徳覚」滋賀大学経済学部附属史料館所蔵近江国蒲生郡鏡村玉尾家文書）。

次に地主経営を見ていきたい。小作料収入、並びに小作人数は、一八世紀末まで安定的に推移するものの、一九世紀初頭に大きく落ち込み、その後幕末に向けて、若干上昇している（表2）。とくに文政期の落ち込みが顕著だが、それに先行する文化期（一八〇四〜一八）において未納高と畝引（せびき）高が高い数値を示している点に注意が必要である。本章は深掘りしないが、これはこの時期の当主（七代・親宣）が、地主経営を縮小させ、大津・大坂米市場における米取引を活発化させたことを反映するものである（高槻二〇一三）。

小作人の所属に着目すると、鏡村、西横関（にしよこぜき）村、山面（やまづら）村、西川（にしかわ）村、安養寺（あんようじ）村の五ヵ村に限られ、いずれも仁正寺藩領に属している。中でも鏡村の構成割合が高く、文化期以降は、鏡村が大半を占めている。

ここで注目したいのは、自然災害に見舞われた時に、畝引（減額）、用捨（ようしゃ）（免除）、などの名義で小作料の減免が行われている点である（表2）。減免は小作人に対して一律に行われるわけではなく、小作人によってその額は異なっていた。このことは、玉尾家が相手の状況を見ながら減免措置を施していたことを意味する。

表２　玉尾家の小作収入推移

年度	人数	小作料	未納高	畝引高	未回収率
	人	石	石	石	%
宝暦13	30	34.449	2.611	0.000	7.58
明和元	31	31.298	1.558	0.241	5.75
明和 2	33	31.908	3.323	1.310	14.52
明和 3	36	32.080	0.000	0.000	0.00
明和 4	37	32.485	0.040	0.000	0.12
明和 5	35	29.135	0.490	1.129	5.56
明和 6	35	29.765	0.000	0.664	2.23
明和 7	32	25.435	0.170	2.987	12.41
明和 8	27	19.310	0.245	8.302	44.26
安永元	27	24.535	0.115	0.255	1.51
安永 2	18	17.895	0.000	0.000	0.00
安永 3	23	24.895	0.423	1.669	8.40
安永 4	25	28.010	0.123	0.363	1.74
安永 5	27	26.445	0.000	0.000	0.00
安永 6	28	27.105	2.315	0.000	8.54
安永 7	26	40.272	5.341	1.035	15.83
安永 8	26	26.945	0.000	0.000	0.00
安永 9	26	28.040	2.165	0.000	7.72
天明元	25	29.445	1.815	0.050	6.33
天明 2	26	28.515	0.505	0.440	3.31
天明 3	25	25.885	0.235	0.100	1.29
天明 4	24	26.535	0.775	0.020	3.00
天明 5	24	25.615	0.495	0.342	3.27
天明 6	22	24.635	1.270	3.297	18.54
天明 8	24	25.135	1.205	0.150	5.39
寛政元	27	25.495	0.410	0.000	1.61
寛政 6	26	25.785	0.885	3.312	16.28
寛政 8	27	22.510	3.191	0.415	16.02
寛政 9	27	26.865	3.166	2.765	22.08
寛政10	26	24.965	1.055	0.550	6.43
寛政11	26	31.545	1.235	0.270	4.77
寛政12	25	31.925	6.965	4.790	36.82
享和元	27	32.395	4.405	0.000	13.60
文化 9	26	22.497	6.365	0.080	28.65
文化10	27	23.457	6.824	3.070	42.18
文化11	27	19.737	4.720	0.007	23.95
文政11	15	8.632	0.050	1.860	22.13
文政12	16	8.882	0.000	0.520	5.85
天保元	17	9.972	0.000	0.370	3.71
嘉永 4	22	19.056	4.622	0.580	27.30
嘉永 5	21	17.956	1.050	1.290	13.03
嘉永 6	22	18.756	5.756	7.722	71.86
安政元	21	18.756	1.622	0.700	12.38
安政 5	25	29.646	1.652	2.680	14.61
万延元	25	30.426	0.052	5.600	18.58
文久元	25	33.296	1.352	0.880	6.70
文久 3	27	30.176	0.052	1.663	5.68
元治元	26	28.896	1.852	3.087	17.09
慶應 2	25	29.054	1.760	4.876	22.84

出典：高槻（2013）表１―２を再掲。未回収率は、未納高と畝引高の合計値を小作料で除することによって算出している。

いっぽう、小作料は定額であったため、小作人には増産のインセンティブが与えられていたと考えられる。小作人は農業生産を増やせば増やすほど、自分の収入も増えたということである。

何らかの理由で経営が維持できなくなった者は、玉尾家の小作となって小作料を支払うことで農業経営を継続していた。何らかのショックに見舞われて、農業経営が悪化した場合には、玉尾家から小作料の減免措置も受けられていたのである。

3　湖東農村と市場経済の間に位置した玉尾家

地域米市場と玉尾家

続いて、玉尾家を介して鏡村がどのように米市場や肥料市場と繋がっていたのかを見ていきたい。

仁正寺藩・市橋家は、一七世紀中葉より約一万八〇〇〇石を近江と河内(かわち)に領有していたが、その内、一万三〇〇〇石は近江国蒲生郡の所領で占めていた。同郡貢租米の大半は八幡(はち)町(まんちょう)(図1、鏡村の北方)で払い下げられており、玉尾家が記録した「万相場日記」には、八幡払米に関する記述が散見される(岩橋一九八一)。

入札に参加した者は、玉尾家をはじめとする近隣農村の米商人、並びに八幡町の商人である。八幡町での払い下げの他に、大津での払い下げも行われていたが、藩当局では八幡町で建てられている相場と、大津相場とを対比しながら、米の売却先を決定したと考えられる。

両地の米価価格を比較すると、八幡価格がおおむね下回る傾向にあること、八幡価格が大津価格によって規定される関係にあったことが確認されており、八幡町にて貢租米を落札した農村米商人が、転売差益を得ていた可能性が指摘されている（岩橋一九八一）。

事実、玉尾家では、落札後の米について、その大津への廻送と転売を大津の米商人、木屋久兵衛に託していた（「俵物通」国文学研究資料館所蔵近江国蒲生郡鏡村玉尾家文書）。また、仁正寺藩領外も含む、近隣農村の米を引き受けて市場で売り捌いていたことも明らかになっている。

湖東肥料市場と玉尾家

続いて肥料市場について見ていく。既述のとおり、近江国湖東地域は、一七世紀より魚肥を盛んに利用していた地域として知られ、その流通は、自生的に成立した仲間組織によって担われていた。肥料商仲間の起源は定かではないが、遅くとも一八世紀初頭には成立していたと考えられる（愛知川町史編集委員会二〇一〇・『滋賀縣八幡町史 下巻』・水原一九八四）。

玉尾家の私用・公用の日記である『永代帳』には、安永元年（一七七二）の肥料商仲間の申し合せ規則が記されていることから、遅くともこの頃までには、私的な仲間組織に加盟していたことがわかる。

寛政二年（一七九〇）に、幕府主導で実施された物価調査に際して、野洲郡・蒲生郡の肥料商ら（玉尾家も含む）が京都町奉行所に提出した書付によれば、両郡の肥料商仲間は、敦賀の問屋より魚肥を買い請け、近隣の農民へ販売していたこと、その際に、零細な農民を相手に、現銀売りは成り立ちがたく、年利一割の利息で掛け売りを行っているものの、代価として受け取る米の価格が引き合わない場合、滞りが発生していたことが示されている（「肥物直段御尋ニ付要用録」滋賀大学経済学部附属史料館収蔵苗村家文書）。

ここで問題となるのは、代価としての米の価格が、どのような形で決定されていたのか、ということである。

一、鯡懸目幷ニ箇売之儀ハ、其組々百姓方之気辺ニ順し(じ)商内可致事
　　但シ、一統正味目方急度相改候上ならて(で)ハ、百姓方へ売払之義致間敷、尤見越米之米替相止メ、大津相場之引格を以而直組可致事〔A〕〔中略〕

一、諸代呂物直段不知内ニ、はた売致間敷事〔B〕
　　尤白子抔ハ、例年急キ御入用之組々も有之候とも、直立無之代呂物勝手ニ直(値)段相

立売捌致間敷事〔C〕〔後略〕

（「肥物仲間記録之写」国文学研究資料館所蔵近江国蒲生郡鏡村玉尾家文書）

この史料は、湖東の肥料仲間一〇組の間で、文政一二年（一八二九）五月に取り交わされた協定書であり、玉尾家はこの内の江頭組に属している。〔A〕によれば、「見越米」は止め、大津相場に準じて取引を行うべき、とある。「見越米」とは肥料販売時点で、代価として受け取る米の価格をあらかじめ設定しておく、したがって将来時点に受け取る米の数量を定めておく慣行と考えられる。これに対して「大津相場之引格を以」て直組（＝値組）するとは、あくまでも代価としての米が納入される時点における価格に準拠することを意味する。

いっぽう、〔B〕、〔C〕によれば、現物を持っていないにも拘らず、売りの約定をする「はた売」を禁止行為とし、価格未定の商品を販売することを禁じている。肥料の販売価格については仲間の協定によって定め、代価としての米については、大津米市場における時価を参照して、価格を定める。これが、湖東肥料商仲間の取引慣行であった。

なお、白子について、近年急ぎの注文があるとされている点も興味深い。白子については、第Ⅱ部第一章にて詳しく紹介されているが、ヨイチ（余市）場所の例では、確かに一九世紀初頭から中期にかけて白子の出荷量が増加している。

また、湖東肥料仲間の「川北組」（現愛荘町・彦根市・豊郷町・東近江市五個荘地域）の取引内容を見ても、文政元年（一八一八）には見られなかった白子が、天保八～一〇年（一八三七～三九）になると取引されている（愛知川町史編集委員会二〇一〇）。

玉尾家の肥料販売

こうした肥料商仲間にあって、玉尾家はどのような肥料販売活動を行っていたのであろうか。まずは、肥料取引の概要を把握するために、安永元年（一七七二）から寛政五年（一七九三）までについて、断片的ではあるが、肥料取引の売掛残高の推移を見ていく（表3）。年を追うごとに、売掛残高が増加していることがわかる。すべての取引がここに網羅されているとは限らないが、全体としてこうした傾向にあったと見てよいだろう。最大の肥料販売先であった岡屋村について、取引内容を観察した結果、以下のことがわかった。

①肥料販売と、その代価回収としての米穀回収という流れを基本としていた。

②肥料販売日と米穀回収日が一致することが多い（特定の時期に米穀を買い取っているとい

表3　肥料売掛残高の推移（1772－1793）

村　名	郡　名	安永元年	安永2年	寛政元年	寛政2年	寛政4年	寛政5年
西　川	蒲生郡	4,753.98	5,719.78	5,025.84	6,322.73	7,079.38	7,519.58
七　里	蒲生郡	2,159.56	2,581.14	3,124.83	3,362.42	2,563.36	2,668.41
薬　師	蒲生郡	75.73	137.59	135.70	326.26	150.03	150.03
小　口	蒲生郡	960.71	888.03	1,300.06	1,409.02	1,033.62	1,030.55
岡　屋	蒲生郡	12,314.56	13,572.12	25,221.76	27,270.81	29,627.69	32,393.08
須　恵	蒲生郡	1,493.48	1,628.87	559.56	584.93	674.83	716.82
鵜　川	蒲生郡	216.26	232.14	—	—	—	—
安養寺	蒲生郡	110.69	113.91	—	—	—	—
山　中	蒲生郡	2,588.97	2,686.24	410.99	410.99	—	—
岩　根	甲賀郡	291.86	211.45	—	—	—	—
村名不詳	—	451.57	496.70	—	—	—	—
総　計	—	25,417.37	28,267.97	35,778.74	39,687.16	41,128.91	44,478.47

出典：高槻（2013）表1—3を再掲。単位はすべて匁であり、山面村との取引関係については、頻繁に訂正を繰り返しているなど、信頼に足る数値が得られないと判断し、分析対象から除外している。

うよりも、農民の肥料需要に合わせて米穀を買い取っていた）。③大津米市場における米価と対照させると、おおむね時価に準拠して米を買い取っていた。④売り掛け残高が累積している相手に対しても肥料販売を継続していた。

この内の④について、岡屋村・繁八との取引について見ると、売掛残高は安永二年末の約一貫から、寛政二年末には約六貫三〇〇匁、同五年末には約八貫と拡大し続けていた。毎年の肥料購入額の数十倍にもおよぶ売掛残高があるにもかかわらず、玉尾家は繁八に対して肥料販売を続けていた。こうした関係は、他の取引相手についても同様に観察されるため、玉尾家では売掛残高いかんにかかわらず、肥料販売を継続する姿勢を貫いていたと考えてよい。

玉尾家の肥料取引は、販売価格については仲間の協定価格に従い、代価としての米については時価で買い取っていたという意味で、市場と農村とを仲介することに、その基盤があったと評価できる。いっぽう、売掛残高がいかに累積しようとも、肥料販売を続けることにより、事実上、農民の経営存続を担保する役割も負っていた。

この意味を考察すべく、玉尾家と小作契約を結んでおり、かつ肥料取引関係が観察される唯一の村である西横関村について、双方に名前を見出せる農民を抽出したものが、表4である。

この内、久左衛門、平助、市左衛門については、肥料の買掛債務が累積していく中で、玉尾家の小作人となったことを推察させる。また、安永四年度末の段階で、すでに毎年の肥料購入額を遥かに上回る買掛債務を抱えていながら、玉尾家より肥料販売を受けていたことが、ここでも確認される。

玉尾家は、経営危機に陥っていた農家について、肥料売掛債権の凍結、あるいは小作契約を通じて、これらの家を市場から隔離する働きをしていたことになる。無論、玉尾家は

肥料売掛	米穀売掛	金銀銭貸付	その他売掛	発生利足	米穀受取	金銀銭受取	玉尾より支払
93.60	0.00	59.37	0.00	6.96	165.50	0.00	5.57
62.60	92.50	60.20	0.00	136.02	199.45	32.55	0.00
14.50	69.60	34.50	0.00	7.40	134.40	0.43	0.00
16.00	47.80	10.05	0.00	43.00	64.00	23.20	0.00
34.18	94.00	504.95	0.00	11.14	299.00	13.74	0.00
36.82	0.00	125.70	0.00	7.98	66.50	0.00	0.00
95.56	172.91	49.12	0.00	16.95	276.56	57.86	0.00
0.00	0.00	0.00	0.00	5.10	0.00	0.00	0.00
24.00	0.00	0.00	0.00	0.00	61.25	0.00	0.00
377.26	476.81	843.89	0.00	234.55	1266.66	127.78	5.57

純粋な奉仕活動として、こうした動きをとっていたのではない。八幡町にて落札した貢租米を大津米市場へ転売していたこと、近隣の村々からの米販売委託を受けていたことからすれば、小作人から受け取った作徳米を大津米市場にて売却していたことは想像に難くない。玉尾家が五代にわたって、大坂米相場、大津米相場を記録し続けていたことは、同家が価格変動に投機的利潤を見出す主体であったことを物語っている（「万津相場日記」国文学研究資料館所蔵近江国蒲生郡鏡村玉尾家文書）。

畿内の肥料取引と農村

以上に見てきた近江国湖東地域における経済活動を、玉尾家を中心に図式化したものが

表4　小作契約と肥料販売

人　名	小作契約期間	安永4年度末売掛残高	安永5年度末売掛残高	占有率
久左衛門	安永6年～同8年	2776.12	2776.12	27.51%
五郎兵衛	宝暦13年～明和8年	1300.60	1419.92	14.07%
平　助	安永9年～天明6年	664.97	656.14	6.50%
市左衛門	安永5年～天明9年	401.58	431.23	4.27%
清　助	寛政9年～同11年	28.38	359.91	3.57%
伊兵衛	天明9年～寛政13年	24.23	128.23	1.27%
源　助	安永3年～天明9年	48.50	48.62	0.48%
太兵衛	宝暦13年～明和6年	39.35	44.45	0.44%
清兵衛	明和3年～安永2年	42.00	0.00	0.00%
小　計		5325.73	5864.62	58.11%

出典：高槻（2013）表1―5を再掲。いずれの項目も単位は匁。占有率とは、西横関村全体の売掛残高に占める割合を指す。

図2である。参考までに、本章の土台となった拙稿（高槻二〇一三）で分析した大津・大坂の米市場との取引についても図に含めている。

玉尾家は、仁正寺藩・市橋家の支配を受ける農民として、貢租の納付や御用金拠出の義務を行いつつ、米の払い下げを受ける米商人としての役割も負っていた。また、鏡村も含む近隣の農民に対しては、地主・肥料商・米穀商という三つの顔を持っており、個々の農家は、玉尾家を通じて、米市場・肥料市場と繋がっていた。玉尾家自身は、自身の農業経営に加えて、近隣農家の余剰米販売の請負、肥料代として受け取った米の販売、そして大津・大坂の米市場での投機取引によって経営を成り立たせていた。

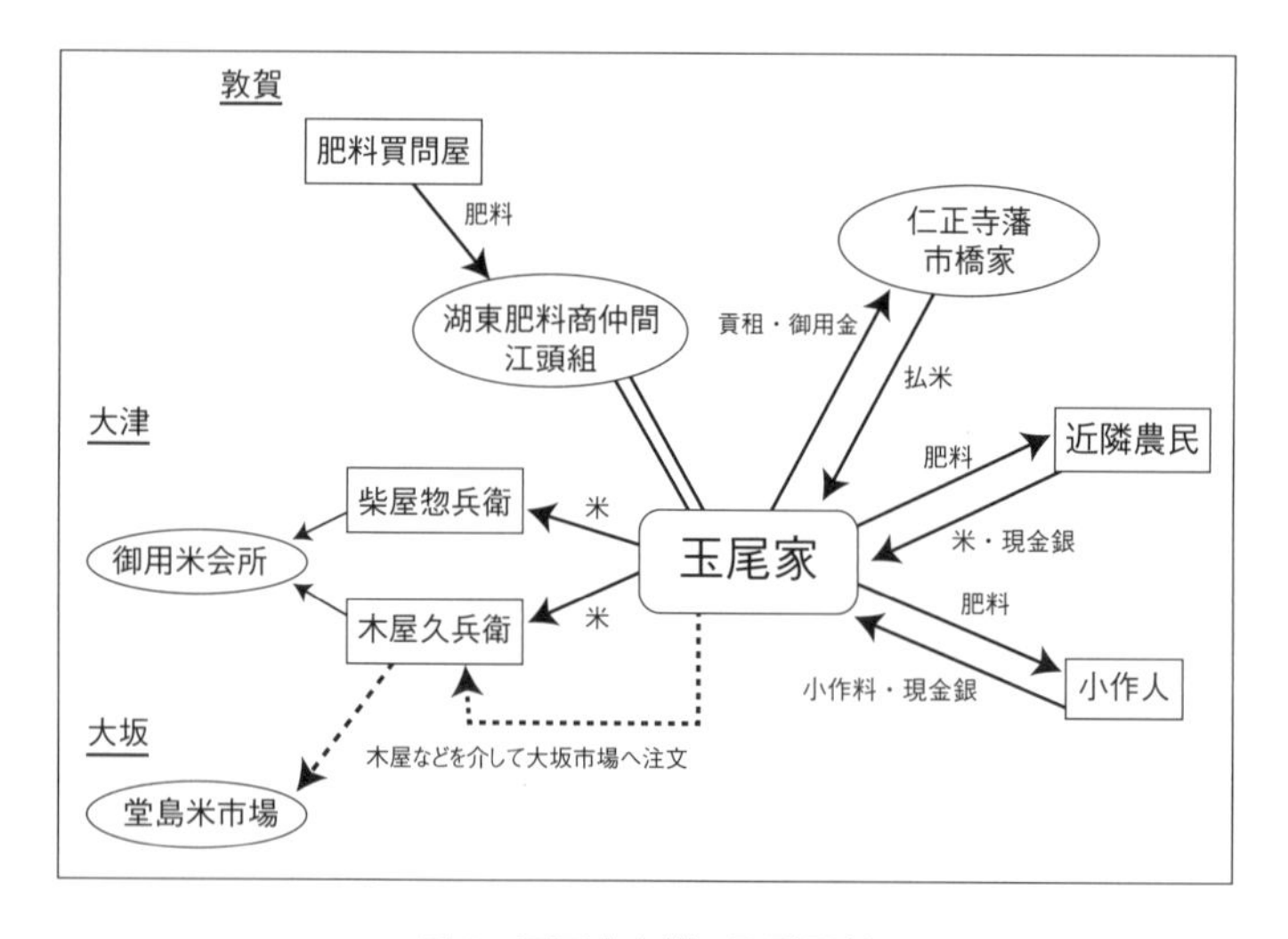

図２　玉尾家を巡る取引関係
出典：高槻（2013）53頁に掲載の図を再掲

冒頭に述べたとおり、市場に接するということは、リスクと向き合うことでもある。事実、湖東農村でも肥料代が支払えなくなる者は多数存在していた。そしてその中には、玉尾家の小作人となる者も出ていた。経営危機に陥った家は、玉尾家の小作人になるか、あるいは肥料代の支払いを猶予してもらうことで、その経営を維持していた。

いっぽう、自律的な経営を営むことのできる農家は玉尾家を介して市場に直面していた。ここで直面した市場とは、米に関して具体的に言えば大津米市場で形成される米価、肥料に関して具体的に言えば湖東肥料商仲間が提示する肥料価格であった。自律的にこれらと向き合うことのできる家については、仲介手数料を取り、それができない者、できなくなった者には、市場取引に起因するリスクを引き受ける対価として小作料を取る。これが湖東地域における玉尾家の活動の基本的性格であった。

右に示した構造は、ある程度の一般化が可能かもしれない。たとえば、萬代悠（二〇一九）が岸和田藩領内の富農・要家による同様の役割を指摘している（なお、ここで取引されている魚肥は干鰯である）。その一方で、本書第Ⅰ部第三章が紹介しているとおり、加賀藩領では藩役人と、十村と呼ばれた有力百姓が連携して魚肥の安定的供給を図ろうとしていた。

魚肥の利用が近世社会において広まっていたとすれば、そこには必ずリスクが伴っていたはずである。漁獲変動にともなう価格変動リスクしかり、個々の農家が直面する天候リスクしかりである。市場経済が必然的にもたらすこうしたリスクを、領主、あるいは地域社会がどのように受け止めたのか、また受け止められなかったのか。魚肥普及の背後にあった構造を明らかにしていくことは、市場経済に浸かった暮らしを送る我々にも、大いに意義のあることと言えるだろう。

〈参考文献〉

岩橋　勝『近世日本物価史の研究』（大原新生社、一九八一年）
愛知川町史編集委員会編『近江　愛知川町の歴史―第二巻　近世・近現代編』（愛荘町、二〇一〇年）
滋賀県市町村沿革史編さん委員会編『滋賀県市町村沿革史 第五巻』（滋賀県、一九六二年）
高槻泰郎「財市場と証券市場の共進化」（中林真幸編『日本経済の長い近代化』名古屋大学出版会、二〇一三年、四六～七七頁）
鶴岡実枝子「近世近江地方の魚肥流入事情」（『史料館研究紀要』第三号、一九七〇年）
古田悦造『近世魚肥流通の地域的展開』（古今書院、一九九六年）
萬代　悠『近世畿内の豪農経営と藩政』（塙書房、二〇一九年）
水原正亨「近世近江における肥料商仲間について（一）」（『研究紀要〈滋賀大学経済学部附属史料館〉』、第一七号、一九八四年）
竜王町史編纂委員会編『竜王町史　下巻』（滋賀県竜王町役場、一九八三年）

第三章　肥料と近世国家と国訴

白川部　達夫

1　魚肥と近世社会

魚肥の流通と近世社会

日本は米作地帯の北端にあったため、その発展には十分な管理と施肥を必要とした。近世の前半では、施肥は刈敷（かりしき）や草木灰（そうもくばい）など自然から採取した自給肥料であったが、やがて採草地の開発などのため魚肥（ぎょひ）を中心とした購入肥料（金肥（きんぴ））へと変わっていった。それにより採草作業がなくなり農作業の効率化、収穫増加も見込まれた。しかし一方で、購入肥料であるため、農家を貨幣経済に巻き込んだ。また干鰯（ほしか）・鯡粕（にしんかす）などの魚肥は、その時々の漁獲に価格が左右され、農家経済と別のサイクルで変化した。さらにその漁場は、農業生産地とは相当に離れていて、魚肥は遠隔地から運ばれてくることが普通だった。このためこの間を結ぶ流通と商人が活動した。商人は、この流通を組織して掌握していた。

いっぽう、藩や幕府では、その支配の基礎となる農業発展、年貢の収納のために、農民に安定した魚肥供給が行われることを保障しなければならなかった。そこで幕府など領主は、肥料商人の市場独占を安易には認めず、安定価格の維持に努めることが多かった。幕府の場合は、江戸や大坂の干鰯屋の仲間を株仲間(かぶなかま)とすることは認めなかった。江戸や大坂の干鰯屋仲間が強い力を発揮したのは、魚肥が自然の収奪にもとづく遠隔地商品であるという特質と、それぞれの仲間がそれに対応した組織を持ち、一定の価格形成機能を果たしたからであった（原一九九六）。

国訴とは何か

国訴(こくそ)とは、近世中期以降、大坂周辺の村むらが幕府に肥料価格の高騰、菜種・木綿(もめん)の自由取引を求めて国を単位に連帯して訴えた運動であった。商品作物の生産者農民が市場の自由を求める運動として、その運動を通じて幕府の株仲間など特権商人による市場統制が解体されていく事例として、高く評価されている（津田一九七七）。また近年では、その組織過程に近代の代議制につながる要素を見いだし、それを生み出した地域社会の力量を探る方向で、研究が進められてきた（藪田一九九二）。

ここでは国訴が本格的に成立したとされる文政期に焦点をあて、近世国家の物価政策、肥料と国訴、大坂干鰯屋と流通の変容などを検討し、この時期の画期性の意味を考えてみることにしたい。

2　国訴と肥料訴願の展開

訴願から国訴への展開

国訴の形成過程を見ると、当初、限られた地域の村むらで、個別の内容の訴願（そがん）が始まり、それが次第に連携して国訴となることが普通であった。このためその過程は複雑で、全貌がつかみにくい面があるが、文政六、七年（一八二三、二四）に行われた訴願は、文政六年が摂津（せっつ）・河内（かわち）一一七九ヵ村、同七年が摂津・河内・和泉（いずみ）一四六〇ヵ村が参加し、国訴の呼称にふさわしい最初の訴願となった（津田一九七七）。二つの訴願は、木綿と菜種の自由販売を求めたものであるが、これに先行して文政二、三年に肥料訴願が行われている（白川部二〇一九)。肥料訴願は、木綿・菜種の訴願に先行することが多く、国訴の先導役を果たしたと指摘されている(平川一九九六)。文政六、七年木綿・菜種の国訴状にはあまりはっきり記述はないものの、河内の菜種出願の頼み証文などには油粕(あぶらかす)値下げの記事もあり、問題視されていたことが想像できる(羽曳野市史編纂委員会一九八三)。

文政初年の肥料訴願・国訴

肥料国訴については、平川新の詳細な研究があるが、一八世紀で検討が止まっており、一九世紀については十分な分析がない(平川一九九六)。そこでここでは文政初年の肥料訴願・国訴について紹介しながら検討を行いたい。

文政二年一一月七日に、摂津・河内の幕領六一九ヵ村が大坂町奉行所に訴えた。その内容は、つぎのようなものであった(白川部二〇一九)。

近年米穀の値段が安値で世上一統が難渋しているので、諸色値段の引き下げ方が命じられた。米穀を元にして造られているものはもとより、外の諸品も米穀を元にして売買するように命じられた。これにより木綿織や藁(わら)草で造った品で年貢の足しにしていたものも二割は値下げしないと売れなくなった。また綿・米穀・菜種・実綿の価格も安値にしなければ買うものもいない。今年の作柄は、凶作というほどではないが、昨年と比べると米・木綿は大分劣っている。それなのに米はもとより木綿も値下げが続いている。問屋・在郷商人も先行き不安で買い控えている。富裕な農民は、作物を売らないでいることもできるが、年貢納入に差し支えるものは売らざるを得ないので、価格はますます下がっている。また米穀が安いので奉公人も勤めたがらず、賃銀が高騰している。百姓の作物は安くなり、諸品は高くなっているので収支が引き合わない。百姓が第一に用いる干鰯・油粕その他の肥し類については、ことに高値なので、百姓の売りさばく諸品に準じて、引き下げるように命じてほしい。

この訴状には、下札（さげふだ）があって、下屎・小便について述べられている。ここでは古来稀（まれ）な百姓の造る物の値下げのなかで、大坂三郷の町屋から購入していた下屎・小便の値段も引き下げてもらわなければ、耕作が引き合わない。先に摂津・河内三一四ヵ村が下屎代の値下げを願い出たところ、三郷家主と相対で引き下げるように命じられた。しかし小便については、汲み取り料を借家人が配分する習慣なので、相手が多数におよび交渉がむずかしいので、米穀に準じて引き下げるようにしてほしい、というものであった。

幕府による諸色値下げ命令

幕府は、文政二年七月に米穀の下落に対して、これによって造られる酒・酢・醤油・味噌などはもとより、米穀が元になっている商品が下がらないのは不届きとして、元値段を下げるように全国に命じた（大蔵省編『日本財政経済史料』三巻上）。七月二一日には、これが大坂三郷町中へ触れられている。岸和田藩では、一一月八日に一四名のものが諸色直下けの掛かりに任命され、幕府からの触れ流しを受けて取締りにあたることになった。また一六日には和泉国の四郡寄合が堺で開かれた。これは藩ではなく、和泉国四郡の村むらの組織であった。四郡寄合では、堺近在の「糞代」値下げ、米穀下落について干鰯・油粕の値下げを願い出たいという相談だった。岸和田藩村むらとしては、「糞代」は堺と近在の問題なので相互に話し合われればよい。干鰯・油粕については、公儀の触れなので、いずれ御沙汰があるだろう。年も押し詰まっているので願い出て、召し出されては難儀するので、様子を見ようと述べた。これにたいし一統は同意し、それでは召し出されない程度の願書を出そうということになった。しかし土屋領日根野村や伯太藩領は不参加の様子だったという（曽我二〇〇七）。四郡寄合を呼びかけた村むらが、摂津・河内の訴願の動きを知っていたかは、はっきりしないが、もし連帯ができれば、摂津・河内・和泉の国訴に発展する可能性はあった。

摂津・河内幕領六一九ヵ村の訴願を受けた町奉行所では惣代を呼び出して、干粕・油粕・干鰯の値下げは、諸色引き下げ令が出ているので、願い出なくとも奉行所で引き下げを取り計らうと説諭し、惣代は訴願を引き下げることになった。

しかし村むらはこれには不満があったようで、翌三年二月には再び訴願を起こそうとして、より詳細な訴状を作成している（渡辺一九七七）。

村むらの訴状

訴状では、冒頭、御仁政を以て諸色値下げの触れ流しが行われ、百姓方の作間稼ぎで造るものは残らず値下げとなった。肥類干鰯・焼酎粕・油粕は少しは値下げとなったが、米・綿の値段と比べれば格別に高値である。肥類は五穀作り立ての元なので、高値であっても買わない訳には行かない。近年は干鰯産地は下値なのに、大坂の干鰯屋は高値で販売している。これに続いて、繰り綿の販売について問屋口銭が値上がりしていること、諸国からくる買付人の宿の者が在方で下値で買い付けるようになっているので、直接諸国の者に買い付けさせるように求めた。さらに干鰯類・焼酎粕・油粕には混ぜ物をしないこと、干鰯では俵直ししないこと、焼酎粕は外商人が買い占めをして高値にしていること、干鰯・干粕では俵の重量を引いて、正味の重量で売り渡すことなどが主張されている。

訴状では、やはり幕府の諸色引き下げ令を引き合いに出し、干鰯・粕類は下がったものの米穀ほどではないし、混ぜ物も多いので、諸国から入荷した肥物の俵を入れ直さないで、そのまま売ってほしいと苦情を述べている。また干鰯や干粕の正味販売とは、干鰯屋間では風袋引きと称して、俵の重さを引いて中身（正味）で取引するが、百姓方に売る時は、俵の重量も込みで売っていたことに対する批判であった。

肥料訴願の背景

文政二、三年の肥料訴願は、文政二年七月に出た物価引き下げ令にともなう物価下落が不均衡であったことを背景にしている。幕府の物価引き下げ令は享保九年（一七二四）二月に出されたものが早く、同様に寛政二年（一七九〇）にも物価引き下げ令が出され、摂津武庫（むこ）・川辺（かわべ）・豊島（てしま）郡の五八ヵ村が肥料価格を引き下げることを訴えている。その後、寛政六年には摂津・河内二三郡六九四ヵ村の肥料訴願運動となり、肥料値下げ・混ぜ物など干鰯屋不正の追及・不正監視団の派遣などが要求された（平川一九九六）。しかし寛政二年の訴願の場合、大坂干鰯屋の返答では、問屋と仲買の紛料で問屋が販売を中止したことが値上がりの原因だとしており、幕府の物価政策そのものが問題だった訳ではない（「大坂干鰯問屋商仲間記録」国文学研究資料館所管祭魚洞文庫）。

文政二、三年の肥料訴願はこれに続くものであるが、摂津・河内幕領六一九ヵ村におよび、幕府の物価引き下げ令がもたらした矛盾が正面から問題とされ、文政六年の国訴の前提ともなっていた。また天保六年（一八三五）にはさらに摂津・河内・和泉三ヵ国九五二ヵ村の国訴に発展していったのであった。

3　西摂津の農業と肥料価格

摂津国上瓦林村岡本家の経営資料

文政二年（一八一九）の物価引き下げ令と、これにともなう米穀・木綿・菜種や肥料価格の変動を具体的に明らかにすることで、この訴願の意味をより深くとらえることが必要である。これについては、大坂周辺の干鰯など魚肥価格が継続的に明らかにできるのは、天保期以降であるという史料的制約でむずかしい面があるが、ここでは摂津国武庫郡上瓦林村の岡本家の経営帳簿を元に、検討を試みてみたい（西宮市立郷土資料館所管岡本家文書）。

岡本家は代々上瓦林村の庄屋と尼崎藩の大庄屋を勤めた家であった。文政二年には、持高九二石余、所持地が一〇町八反余で、この内手作り面積が米作が五町二反余、裏作が五町八反余だった。表作は翌年には米以外も数えて六町二反余であったので、文政二年でも同様であろう。手作り率は表作の米作だけで四八％となる。西摂津地域では一八世紀には中農から、米・木綿・菜種などの商品作物を雇用労働により手作りする二、三町規模の富農が出現したが、岡本家はこれを超え、最大規模の商品的作物の手作り経営を行った豪農であったといってよい（今井・八木一九五五）。

岡本家の肥料購入

同家では文政二年に総勘定という収支を計算した史料が残されているが、これでは収入銀八貫六九八匁余（小作米代銀も含む）、支出銀五貫八一五匁余にたいし、干鰯・下屎代銀三貫〇六六匁余で支出銀の五二・七％が肥料代となっている。肥料代の支出の大きさがわかる（白川部二〇〇八）。

岡本家では、この頃、表作では米を中心に木綿を、裏作では菜種を中心に麦と空豆などを作付けしていた。これらは販売されたのでその価格を継続的に知ることができる。ただ木綿と菜種は、価格が折り合わなければ売り控えることもあり、販売記録が欠けている年もある。いっぽう肥料については、上瓦林村は近世初期から周囲の開発が進んでいて、採草地がなかった。このため早くから購入肥料にたよらざるを得なかった。岡本家では、文化・文政期には、魚肥・人糞尿などを中心に使用していた。干粕・油粕類は時々購入する程度だった。干粕・油粕類の使用は河内の内陸部が中心で、摂津は魚肥が用いられることが多かった。魚肥については、文化前半は干鰯で、文化末年から文政期に入ると〆粕が多くなる。文化末年からは鯡粕も購入しているが、天保初年にならないと本格化しない。購入先は、尼崎の安台屋太郎兵衛・大坂の辻屋源兵衛の干鰯屋がこの時期を通じて継続取引をしていた。屎尿は西宮の商人から購入していたが、文政三年から同六年までは、上瓦林村のものが大坂安治川町などからの小便汲み取り権を獲得することに成功したので、これが利用された（白川部二〇一九）。

肥料価格の変化

肥料の利用は実際には多様で、干鰯に限られるものではない。干鰯が高騰すれば、他の魚肥で間に合わせたこともある。魚肥といっても貝の実、鰺、いか、ほっけ、平子、数の子なども使われていた。また干鰯は俵で取引されるため重量あたりの単価がわからない。俵も大きさがまちまちで一律には行かないのである。このため岡本家のデータからこの時期の干鰯の価格変動を表示することはできない。そこでこれに替わるものとして、毎年岡本家が購入した魚肥の重量と単価のわかるものを拾い上げて、これをもとに肥料価格の変化を追うことにした。干鰯でも時には重量が記載されているものもあるし、〆粕は重量での取引だったので、大体の年は含まれている。貝の実などが含まれていたりするが、岡本家としては、できるだけ効果的で安価なものを選んだ結果といえる。データとしては統一性に不備のある材料であるが、岡本家の文化・文政・天保初年に使用した魚肥の重量四〇貫目当たりの平均価格を取り出すことにした。

岡本家の物価データを文化元年（一八〇四）から天保五年（一八三四）までとって、初年度から四年間分を平均してこれを一〇〇とし、指数を計算したものが図1と図2である。図1は販売米価と購入肥料価格の指数の変化を表したもの、図2は木綿と菜種に関するものである。二つに分けたのはわかりやすく示すためである。米価については、文化期は低迷気味で、文化一三年から文政二年までは大きく低落した。その後、文政三年から持ち直

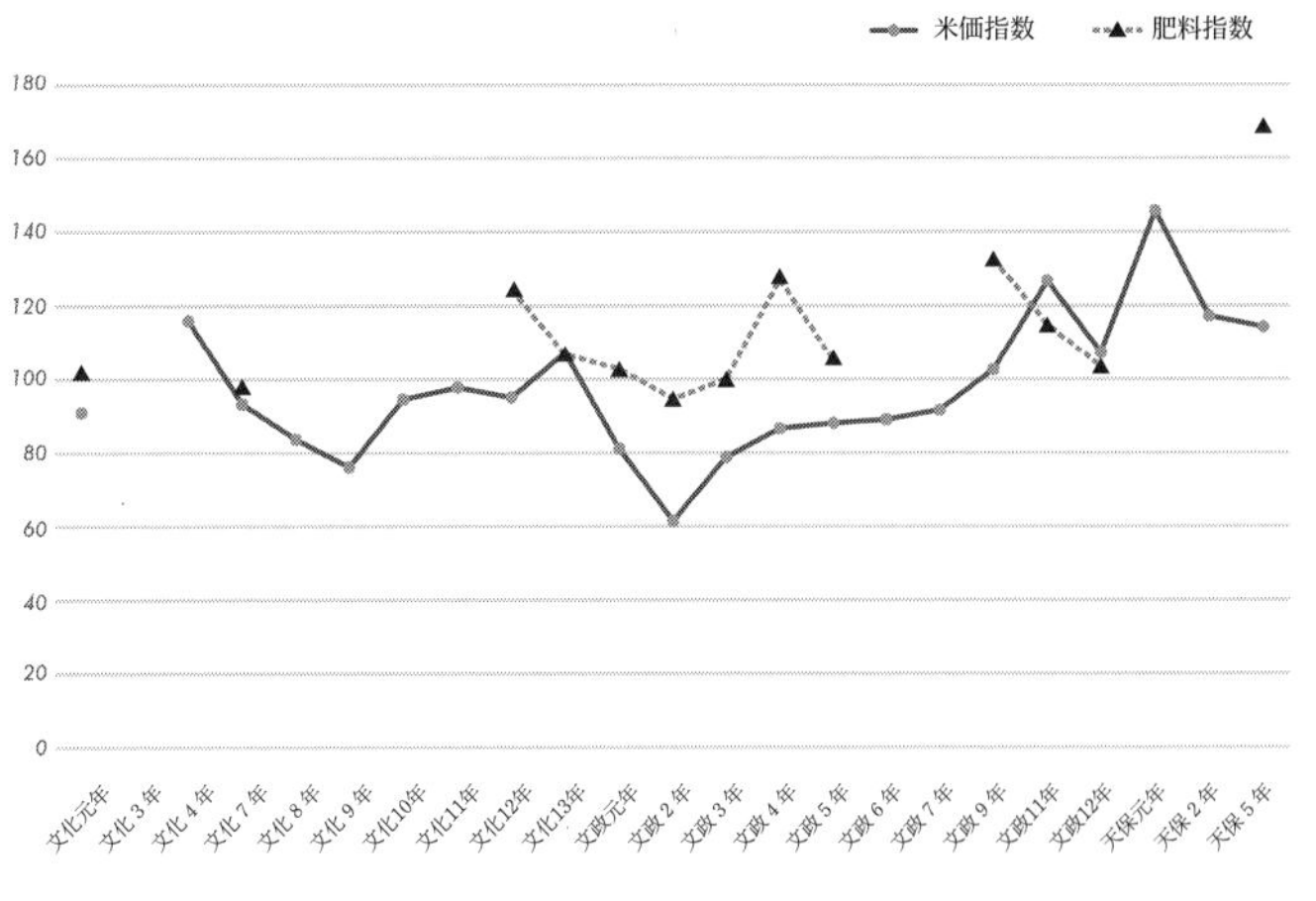

図1　岡本家の米と肥料の指数変動

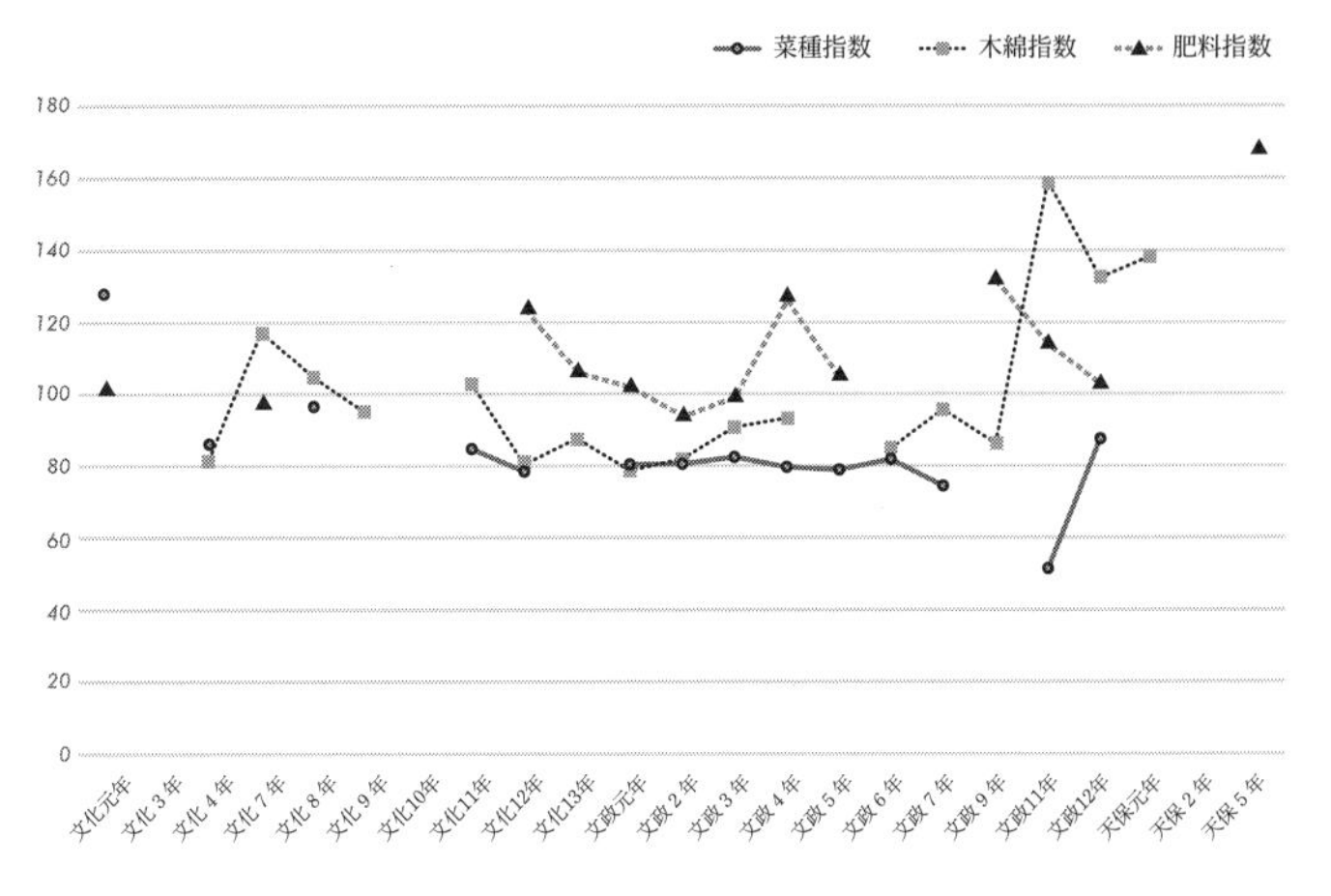

図2　岡本家の菜種・木綿と肥料の指数変動

したが、文化前半の水準に戻るのは、文政九年であった。天保元年に大きく上がるが、天保二年、同五年はやや落ち付いた。この間は、天保四年の飢饉があり値上がりしたと考えられるが帳面が欠けていてわからない。これにたいして肥料価格は文化一二年からしか連続した動きがとらえられないが、全体に米価指数より上のところで推移している。文化一二年から文政二年は米価指数と並行して動いているものの、米価ほどは下がらなかった。このため文政二年には両者の間が大きく開いた。文政三年は米価の値上がりが大きく、肥料価格はそれほど上がらなかったので両者の差は縮まったが、文政四年はまた大きく開いている。このことが肥料訴願の前提にあるといってよい。文政二年の物価引き下げ令を受けて、米価が下がっているのに、肥料が下がらないと訴えているのも、同年の差の拡大が背景にあると見てよい。その傾向は文政五年まで続いたのである。その後、文政末年には米価指数の方が肥料価格指数を上回っているが、天保五年は差が拡大している。これも同年の肥料国訴の背景と見ることができる。

図2は同様に木綿と菜種、肥料の価格指数を示したものである。菜種は文化初年に比べて文政七年まで低迷を続け、文政一二年には持ち直したものの、文化初年の水準には達しなかった。菜種は幕府の厳しい統制があって、特定の株仲間商人にしか売ることができな

かった。文政六、七年の国訴を経ても、その統制が外れなかったことが反映しているといえるであろう。木綿についても菜種と似た動きを示すが、文政六、七年の国訴で、大坂三所綿問屋の独占買付が否定される。文政九年以降の値上がりはこれと関係があるのかも知れない。肥料との関係でいえば、文政五年まで、肥料価格は木綿・菜種より高い水準で推移した。文政一一年に木綿価格が上昇して肥料価格を超えるが、菜種は文政一二年に上昇したもののやはり、肥料には及ばなかった。

以上、簡単に摂津国上瓦林村の岡本家の経営資料から、文化・文政・天保初年の米・木綿・菜種と肥料価格の動向を見た。米・木綿・菜種価格については岡本家の販売価格で確実なものであるが、肥料価格はその年の購入重量と代銀がわかる魚肥から算出したもので、その内容はまちまちであった。しかしその年々の平均的肥料購入価格の一端を示していることも間違いないし、肥料訴願の主張とも矛盾しないので、一応の傾向としてとらえておきたい。

4　播磨と阿波の米価と肥料価格

播磨国野添村の米価と肥料価格

そこでつぎに岡本家から得られたデータのもつ意味を考えるために、ここでは播磨国加古郡野添村（現兵庫県播磨町）に残された『御月見日記』にある毎年の米価と干鰯価格の指数を図3に示した（草野一九九六）。野添村は明石の西、加古川河口の東の内陸に入ったところにある村で、直ぐ近くに海村がある比較的交通の便利のよい村であった。兵庫も近いので、肥料などはその影響を受けやすい土地柄と思われる。近世では姫路藩に属していた。『御月見日記』は毎年正月に村役人が前年の出来事を記録したもので、そのなかに、米価や干鰯価格の記述もあった。そのなかから、岡本家と同じ基準でデータを抜き出して整理したものが、図3である。これについては草野正裕の詳細な分析があるので、それによって見てみよう。

草野は、米・綿・大麦と干鰯について検討しているが、ここでは簡単にするために米と干鰯の価格指数に絞って表示している。草野によれば、干鰯は天明中期から文化末年まで、米価に対して上昇傾向が続いた。その後、天保初年にかけては下落し、幕末期には再び上

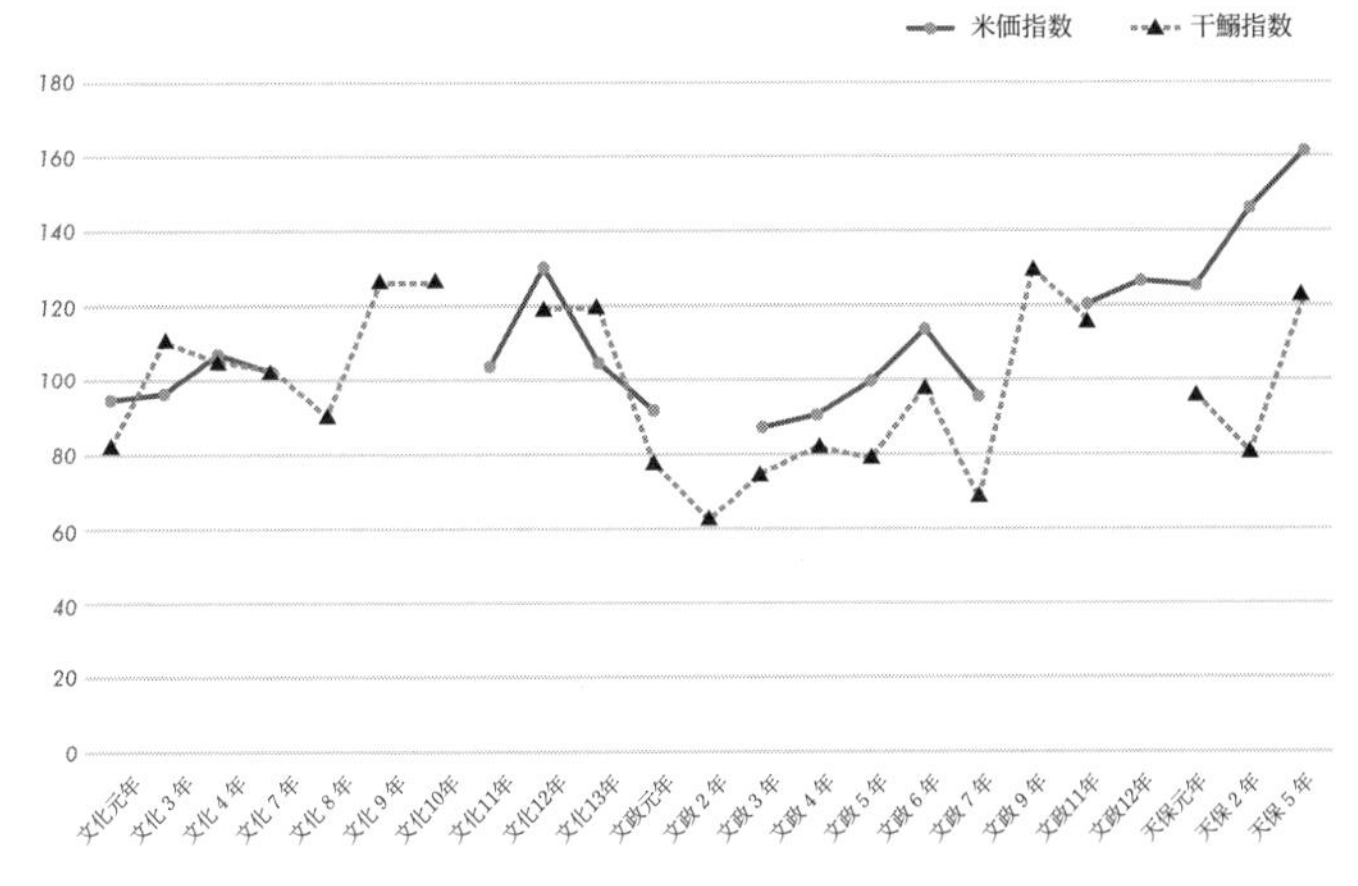

図3　播磨野添村の米と干鰯指数変動

昇したとされる。図3でも文政元年（一八一八）から米価指数の下を干鰯指数が動くようになり、米価指数より干鰯指数の低落が大きかったことがわかる。草野はさらに農産物・消費者物価・賃金などを検討して、文政三年を画期に天保初年にはっきりする傾向として、それまでの農業生産性の上昇、物価の下落、貨幣・実質賃金の上昇という動向が、農業生産性の下落、物価の急騰、貨幣賃金の上昇、実質賃金の下落というトレンドへ変化して幕末期にいたったとする。またこの間、農業労働から商工労働への労働市場の転換があった可能性を指摘している。文政初年のトレンドの変化は、構造変動であったことを示唆しているといえよう。

阿波国中喜来村三木家が仕入れた干鰯価格と米価

そこでもう一つ、データを検討してみたい。図4は阿波国板野郡中喜来村（現徳島県松茂町）三木家が仕入れた関東干鰯の価格と大坂米価の指数を示したものである（公益財団法人三木文庫所管三木家文書）。文化七年からしか帳面がなく、関東干鰯のデータがあるのは翌年からであった。三木家は阿波の大藍師であり、江戸に出店も持っていた（白川部二〇一一）。藍師は藍葉を買い入れて藍玉に加工して販売したが、農民に肥料を前貸しして、藍葉を集荷することが必要だった。このため三木家は文化期は江戸で直仕入れをしていたが、文政期になると撫養や徳島の干鰯問屋から仕入れていた。同家では文化期は干鰯、文政期では〆粕、天保初年からは鯡粕を中心に仕入れていた。天保期にデータが欠けているのは鯡粕の記録しかないからである。なお文政四、五年、九、一一年は、関東干鰯の仕入れがなかったので、関東〆粕の価格を参照に補正した価格を入れた。〆粕はイワシを煮て絞ったもので、原料は同じであるので、価格の動向はある程度並行していたと考えられる。そこで同年に購入したものを比較すると、文政三年では関東〆粕価格の八一・一％が関東干鰯の価格であった。文政一二年では七四％、天保元年では九三・四％だったので、ここではほぼ中間の文政三年の価格差をとって、その数値を入れた。正確さは欠けるが干鰯価格の

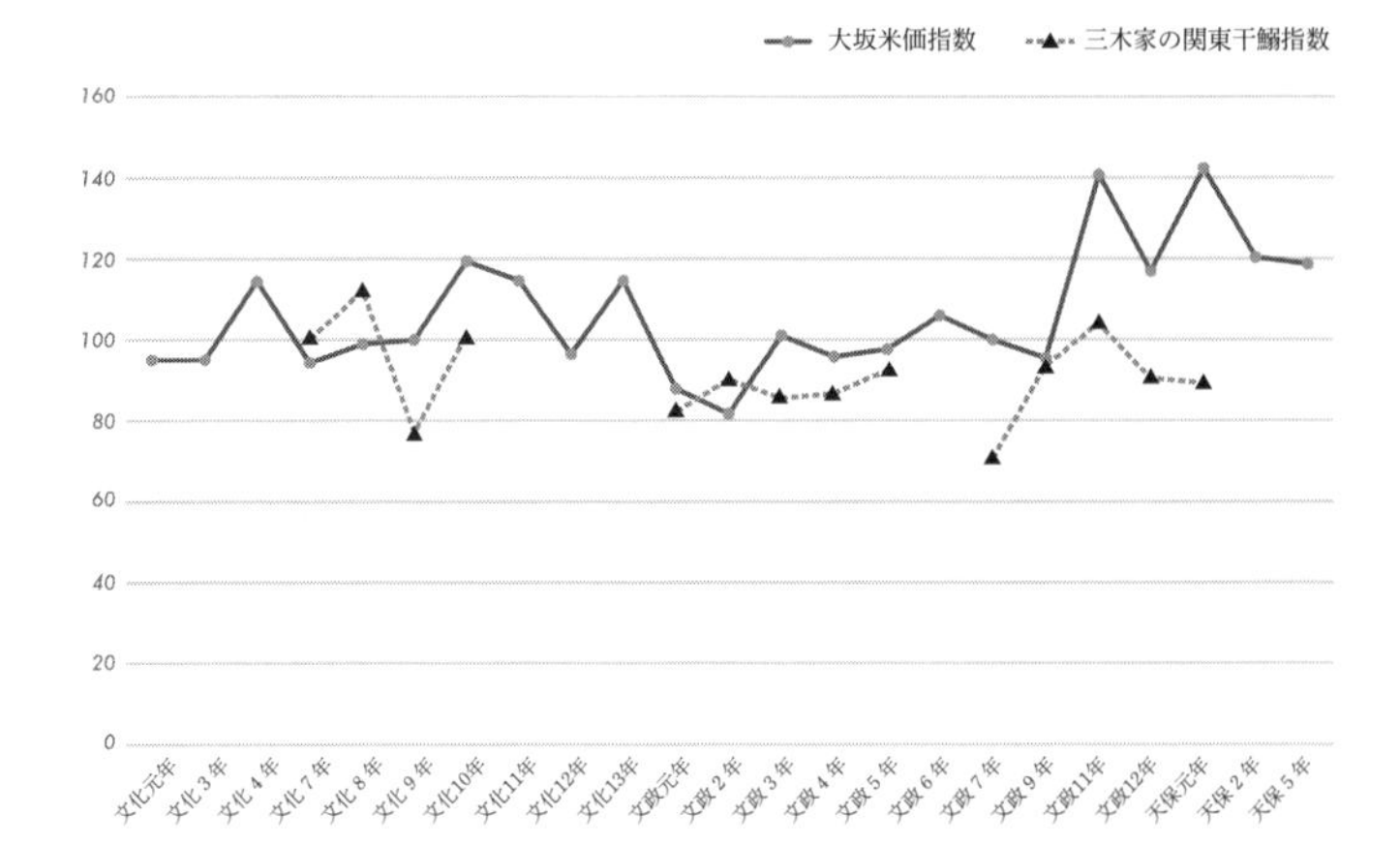

図4　大坂米価と阿波三木家の関東干鰯指数変動

方向性を見ることはできよう。また米価は大坂米価を使用した（岩橋二〇〇一）。

図4によると、干鰯価格指数は文化期はデータが少なくわからないが、文政期よりは高い水準にあり、文化七、八年は大坂米価指数より高かった。また文政元年からは、文政二年に大坂米価を若干超えた動きを示したものの同三年には価格は低下しており、その後、米価を超える上昇はなかった。播磨国野添村の文政初年からの下落とほぼ同じ傾向を示したといってよい。イワシについていうと房総半島の漁獲は、天明期頃は不漁期で、寛政末年頃から豊漁期に入り、多少増減があるが、明治中期まで好漁期が続いたことがわかっている（本書第Ⅰ部第一章）。文化期頃からの干鰯価格の低落は長期的にはこれ

を受けたものと考えられる。

地域により異なる肥料価格

上瓦林村のデータから得られた西摂津の物価動向と比較すると、播磨国野添村と阿波の中喜来村の干鰯と米の価格の動きが文化末年から米の優位に変わったのにたいし、上瓦林村では文政中期まで肥料が米より優位にあったということが顕著な差として認められる。上瓦林村の場合、肥料の内実が一定しないという制約がある。しかし肥料訴願の主張とも矛盾しないので、一応この結果を受け止めるとすると、それはこの地域の肥料価格が播磨と阿波と違った特徴を持っていたことを表しているといってよいだろう。

5　大坂干鰯屋仲間の動向

干鰯需要の拡大と大坂干鰯屋

大坂の干鰯屋は、寛政期（一七八九〜一八〇一）には株仲間の申請をするものがあったが、農民の反対や仲間内部で反対するものがあり実現しなかった（平川一九九六）。仲間に加入するにも制約は少なかった。その意味では必ずしも閉鎖的ではなかった。肥料訴願でも、元文期（一七三六〜四一）に干鰯屋仲間が分裂し、干鰯を争って入手しようとして、価格が高騰した時に反対運動が起きた以外は、干鰯屋の独占による価格高騰を指摘することはなかった。問題となったのは道売りにより、大坂に干鰯が集まらないことであった。各地で干鰯・〆粕の需要が高まったため、一九世紀の豊漁期に入っても、大坂への集荷は進まなかった。大坂干鰯屋は四国の宇和島や九州の佐伯など浜方に資金を前貸しして干鰯・〆粕を集荷していたが、これが思うように動かなくなった。いっぽう、関東でも肥料需要が高まったため、房総半島産の干鰯・〆粕は関東農村に売られて、江戸干鰯問屋も集荷が困難になり、大坂に回送されるものは減少した。その結果が、魚肥が米価ほどは下がらないことになって現れたといえるが、これについては大坂干鰯屋仲間も危機感を持っていた。

文政三年（一八二〇）二月の問屋組年番の組合中へ出した口演では、文政二年暮の米穀下値で諸国在方の仕送り商いが不勘定になっている店が多いので、商いの取締りをしなければ靫（うつぼ）市場の不益の基となるとして取締り強化を申し付けている。その内容は、①勝手に得意先を取り合わない、②相対のない送り掛け荷物はしない、③松前（まつまえ）物の歩引きをしない不法の商いの禁止、④仲間に入らず買次を行っている三名の商人との取引禁止、であった。

①では、これにより一人が有利になれば、他の仲間が困窮することが強調された。②は村むらに了解なく魚肥を送りつけて売ることを禁止したものである。大坂干鰯屋は一八世紀中葉頃から直接消費者農民にも売りつけるようになっていた。そこで一方的に押しつけるような売り方は反発もあるので、禁止したのであろう。③は松前問屋より買い入れる鯡粕などの魚肥について、一定の比率で値引きを受けることが定まっていたのに、これをしない不法な取引を禁止したものである。これは松前問屋側から鞁の干鰯屋が譲歩を引き出したものであったので、これが崩れれば干鰯屋全体の損になるからである。④は当然ながら禁止されていたが、密かに行うものも後を絶たず、またこれに応じる仲間もいたためである。この触れは、組合惣連印をとっているので、年番としては重要事項と認識していたと考えられる。

米穀下落と松前物取引の拡大

文政初年の米穀下落は、干鰯屋仲間にとっても決して望ましいことではなかった。米穀下落により、村むらの困窮が増し、これによって支払いが滞り、結局、干鰯屋仲間の経営も悪化すると危機感を募らせ、仲間の取締りを強化していたのである。大坂干鰯屋では、この少し前から、鯡粕などの松前物の取引が増加し始めるが、本格的になるのは文政・天保期であったと考えられる。文化二年（一八〇五）には、松前問屋とこの鯡粕など荷物を買い入れる側だった靫の干鰯屋との歩引きをめぐる対立が起き、これが文化三年に妥結する（原二〇〇〇）。そして文化七年には、靫市場の干鰯屋で松前物を仕入れる買組合を結成した。これが後に松前最寄組合と呼ばれるものであった。さらに文政三年にはその取引仕法が確立し、天保期にかけて鯡粕など松前物の取引が増加していくことになった。松前問屋は古くから松前の産物を扱った問屋が次第に鯡粕などを中心に取引するようになったもので、靫の干鰯屋とは出自を異にしており、大坂市中に散在していた。松前物の取引は松前問屋のもとで入札で行われたので、買い手は靫の干鰯屋だったが、靫市場を媒介としなかった。このため干鰯・〆粕から鯡粕などへの転換は、靫市場の衰退をもたらし、幕末には往年の姿はなくなったといわれる。こうしてもともと西国や房総半島など遠隔地と結びついた大坂肥料市場はさらに遠隔の蝦夷地（えぞち）を結んだものとして再編されていくことになった。

6　文政国訴の位置

摂河泉の物価下落と肥料価格

文政二年（一八一九）の幕府の物価引き下げ令を契機に、摂津・河内の六一九ヵ村幕領村むらは、大坂町奉行所に干鰯値下げなどの訴願を起こし、この訴願が先導役となって文政六、七年の木綿・菜種国訴につながっていった。

摂津・河内幕領訴願では引き下げ令にともなう物価下落が不均衡で、ことに魚肥が米穀ほど下がっていないことが問題となった。これは幕府の米穀に準じた物価引き下げという施策が実効性を持たなかったことを暴露したが（中井一九七一）、このことは享保・寛政の二回の引き下げ令でも同様であったと考えられる。しかし摂津・河内の村むらでこのような大規模な訴願が起きたのは、摂津では文政後半まで米穀の下落、肥料の高値というトレンドの転換が遅れ、物価引下げ令による矛盾が大きくなったためであった。播磨・阿波では文化末年、文政初年にそれまで続いていた米穀安値、魚肥高値という状況は転換して、魚肥より米価の上昇が上回るようになっていた。そこに摂津・河内・和泉の村むらの当面した固有の困難があった。

干鰯屋の魚肥集荷力の低下と松前物への転換

大坂干鰯屋は文政二年の米穀下落について、得意先の支払い不勘定の危険を感じて仲間の結束を強化しようとした。魚肥の高値は、必ずしも干鰯屋の経営を有利にしなかった。むしろ販売代金の回収を困難にして、経営を圧迫すると受け止めていた。また一九世紀初頭からイワシ漁業は豊漁期を迎えていたが、大坂周辺の摂津・河内・和泉で干鰯など魚肥価格が期待するより下がらないのは、各地の商品生産の拡大と魚肥需要の高まりにより、大坂干鰯屋の魚肥集荷力が低迷したことにあった。これらを背景に大坂干鰯屋は鯡粕など松前物の集荷に力を入れるようになる。その画期が文化後半から文政初年であった。

文政初年の摂津・河内幕領訴願は、こうした転換期に起き国訴に結びついていった運動であった。幕府の物価引下げ令は、米価に準じて物価が変動すべきという石高制原理を前提に構想されたものではあったが、国訴をめぐる訴願はこの近世国家の物価原理の実効性が失われていることを照らし出すことにもなったといえよう。

〈参考文献〉

岩橋　勝「近世米価・貨幣相場一覧」（『日本歴史大事典』四巻、小学館、二〇〇一年）

今井林太郎・八木哲浩『封建社会の農村構造』（有斐閣、一九五五年）
草野正裕『近世の市場経済と地域差』（京都大学学術出版会、一九九六年）
白川部達夫「畿内先進地域の豪農と肥料商人」（『東洋大学文学部紀要』六一集史学科篇三三号、二〇〇八年）
白川部達夫「阿波藍商と肥料市場（一）」（『東洋大学文学部紀要』六四集史学科篇三六号、二〇一一年）
白川部達夫『近世の村と民衆運動』（塙書房、二〇一九年）
曽我友良「泉州の人びと、物価引き下げを求める」（古文書講座二五テキスト、貝塚市教育委員会、二〇〇七年）
津田秀夫『新版・封建経済政策の展開と市場構造』（御茶の水書房、一九七七年）
中井信彦『転換期幕藩制の研究』（塙書房、一九七一年）
羽曳野市史編纂委員会編『羽曳野市史』第五巻（羽曳野市、一九八三年）
原　直史『日本近世の地域と流通』（山川出版社、一九九六年）
原　直史「松前問屋」（吉田伸之編『シリーズ近世の身分的周縁四　商いの場と社会』吉川弘文館、二〇〇〇年）
平川　新『紛争と世論』（東京大学出版会、一九九六年）
藪田　貫『国訴と百姓一揆の研究』（校倉書房、一九九二年）
渡辺久雄編『尼崎市史』第六巻（尼崎市役所、一九七七年）

終　章　本書の成果と今後の展望

武井　弘一

イワシとニシンの江戸時代

本書をとおして、イワシとニシンが、それ自身の生命力で増えたり減ったりする過程をたどっていたことが明らかになったのではなかろうか。イワシにはイワシの、ニシンにはニシンの歴史があったと言い換えることもできよう。

第Ⅰ部の舞台となった加賀(かが)藩領からは、イワシにとって江戸時代とはどのような時代だったことがわかったのか。日本近海で群れをなして泳ぐイワシは、江戸時代にはいると、それ以前と比べて網漁の技術レベルが向上したことにより、ヒトによって一網打尽にされることになった。肥料としての需要が大きくなったことが、それに拍車をかけた。大量に獲られたイワシは、乾燥させただけの干鰯(ほしか)、あるいは油を搾った残り滓である〆粕(しめかす)に加工されて、漁村から農村へ運ばれていった。

江戸中期以降、農村では自給肥料が不足したことから、肥料のなかで魚肥の占めるウェートが大きくなっていった。とりわけ、没落した百姓たちは、家畜を手放したことによって厩肥を得ることができないことから、使い勝手の良い干鰯を買うことにした。このような余儀なき事情もあいまって、藩から農村支配を委ねられていた十村たちが主導して、安定した干鰯の確保に努めていく。それにもかかわらず、干鰯不足に悩まされたことから、江戸後期には蝦夷地から鰊魚肥が運ばれるようになった。イワシに代わって、ニシンがスポットライトをあびる時代が到来したのである。

第Ⅱ部の舞台となった蝦夷地と畿内からは、ニシンにとって、江戸時代のどのような特色がわかったのか。日本列島の北方を回遊するニシンは、一八世紀中後期から蝦夷地で網漁によって盛んに獲られるようになった。こうして食料と農業の両面において、ヒトの暮らしをささえる主要資源と化す。イワシよりもニシンは体が大きいので（第Ⅰ部第一章図1参照）、身が取られるだけではなく、そのあとに残された腹・首・尾まで余すところなく干されるなどして、各部位それぞれが肥料として日本本土へ送られていった。

蝦夷地で船に積み込まれた鰊魚肥は日本海を渡り、途中の北陸などで次々と降ろされていく。最終的な目的地は、もっとも需要の大きかった畿内であった。ここでは綿・菜種などの商品作物が盛んに生産されており、近江国（おうみ）では、遅くとも江戸前期の寛文期（一六六一〜七三）には干鰯が用いられていたとみられている。肥料市場も発達し、百姓はそれに左右されながら魚肥を買わざるをえない。つまり、百姓が貨幣経済に巻き込まれたことから、彼らが農業を営み、しっかり年貢を納められるように、安定して魚肥が供給されることが領主の責務となった。

「生き物としてのヒト」の姿

本書をとおして、「生き物としてのヒト」のどのような姿も浮かびあがってきたのか。まずは、第Ⅰ部からみてみよう。

干鰯の生産地である富山湾の漁村では、確かにイワシは一網打尽にされていた。けれども、網の素材が主として藁であったため、その耐久性が低かったのである。ヒトの思いどおりに、根こそぎイワシを獲れるような技術レベルではなかったといってもよい。そのため、イワシが豊漁であれば浜に賑わいをもたらすが、不漁であれば漁民は神頼みをするしかなく、少ないイワシをめぐる漁場争いも生じさせた。

いっぽう、農村においては、干鰯を使うことによって百姓は土地の生産力を高めようとした。しかし、それとは真逆に干鰯を投入することで土壌の質は悪化し、何より購入することによって百姓の手痛い出費も増えていく。江戸後期になると、干鰯だけでは肥料が足りないことから、遠い蝦夷地から鰊魚肥の直買を試みるため、百姓たちが主体となって藩に訴願（そがん）をするという行動を起こさせた。

続けて第Ⅱ部を振り返ってみたい。蝦夷地では、ニシンが豊凶を繰り返すことにより、二〇〜三〇年周期で不漁期がおとずれていた。これをきっかけに、松前（まつまえ）地の漁民は、そこからさらに遠方の西蝦夷地に出稼ぎに向かう。ニシンから〆粕が生産されるにあたり、燃料として多くの薪を使うことになるので、沿岸部では雑木林が伐り出されて、自然環境の悪化が気がかりな問題となる。畿内での〆粕の需要の高まりに触発されて、やがて漁民はカラフト島（樺太）まで達するが、そこで〆粕を生産するために、主たる労働力として集められたのはアイヌの人びとであった。

他方で、畿内の農村では地主―小作関係が展開しており、前述したように百姓は肥料をとおして貨幣経済に巻き込まれていた。肥料代が焦げついてしまえば、自立していた百姓は小作人になるか、肥料代の支払いを猶予してもらうなど、肥料をめぐるリスクに面と向かって生きていくしかない。江戸中期以降、魚肥の価格が高騰したときには、その価格の引き下げを求めて、百姓たちが大集団となって領主に対して国訴（こくそ）を起こす引き金にもなった。

江戸時代においては、イワシやニシンがヒトによってさまざまな漁法を駆使して獲られ、ヒトにとって利用すべき自然として大量に消費され、無数のイワシやニシンの恩恵を受けて農業生産が維持されることになった。それでもヒトは新たな難問を抱えるようになり、それを解決することが地域においても、政治上においても重要な課題となった。「生き物としてのヒト」の姿からは、このような人間社会の一面も垣間見えたのではなかろうか。

イワシとニシンから映し出された社会像

本書では江戸時代のなかで、おもに江戸中後期に着眼してきた。一般的に、江戸中期にはいると、社会に転機がおとずれたとみなされている。たとえば、商品経済が発展した半面、地主―小作関係のように、農村の中では百姓の両極分解が進んでいく。各地では百姓一揆が続発し、国訴（こくそ）のような大規模な訴願も起こった。凶作も相次ぎ、天明（てんめい）の飢饉（ききん）のように、悲惨な大飢饉にも見舞われてしまう。これらの例からみてとれるように、江戸中後期には社会が大きく動揺していたというわけである。

そこで少し別の角度から本書の成果を照らしてみよう。具体的には、このような大きな曲がり角を迎えていた江戸中後期について、イワシとニシンからは、どのような社会像が映し出されたのかを確めてみるのである。

まずは、一八世紀後半の天明期（一七八一〜八九）についてであるが、この時期にはイワシとニシンの不漁がちょうど重なっていた。とりわけ日本近海のイワシの数が減っていたことが起因して、不漁→魚肥の生産量減少→魚肥の高騰→肥料不足→凶作・飢饉のように、イワシの不漁が社会不安に連鎖していった可能性は高い。序章で「飢饉は浜より」を紹介したが、イワシの不漁がこのエピソードを生み出すきっかけとなったのかもしれない。

次に、一九世紀前半の文化期（一八〇四〜一八）・文政期（一八一八〜三〇）についてである。この時期にはイワシとニシンは豊漁が続いており、加賀藩領と畿内においては鰊魚肥の需要も大きくなっていた。イワシが豊漁であれば魚肥の生産量は増大するので、一見すると、農村では肥料不足に悩まされなかったと思えるかもしれない。

だが、文政期の畿内農村では、イワシ以外にも貝、アジ、イカ、ホッケなどの多様な魚肥が用いられており、肥料価格の引き下げを目的にした国訴も起っている。これらの事実をふまえると、イワシの豊漁では太刀打ちできないほど、肥料のニーズが増えていたのではなかろうか。このような状況を救ったのがニシンなのであり、だからこそ天保期（一八三〇～四四）にかけて、鰊魚肥がより盛んに取り引きされていったのかもしれない。

とはいえ、ここで指摘した社会像は推察にすぎず、これを確たるものにするためには論証すべき点も多い。数例あげれば、魚肥を保管する俵などにはどれくらいの量が入っていたのか、生産地と消費地とのあいだで魚肥にどれほどの価格差があったのか、その差額をとおして商人たちはどれくらいの利益を得ていたのか、などである。細かい点ではあるが、このような魚肥をめぐる事実を一つひとつ検証していくことが課題として残されている。

イワシとニシンの近現代史

さて、本書が扱えなかった近代以降のイワシとニシンの歴史も概観しておきたい。まずは、イワシ漁の動向をおさえておこう（古田一九九六）。

近代にはいって、明治二〇年代（一八八七～九六）の主要都市における干鰯の全国平均価格は、明治二四・二五年には下落するものの、全体的にみれば上昇していった。鰊〆粕についても干鰯と同じ傾向がみられた。第Ⅰ部第一章の図2によれば、その頃のイワシは不漁だったので、これが干鰯の価格を上昇させた一因だったのかもしれない。

新たなイワシの漁場を求めて、日本人の漁民たちは、一八九〇年代から朝鮮半島に本格的に出向いていく。こうして一九三〇年代には、朝鮮半島産の魚肥の九五～九九％が日本各地へ輸送され、それ以外のほんのわずかな量が中国東北地方に輸出されていた。

魚肥の主たる消費地は東京より西側で、棉作の肥料として使われていた。綿が繊維工業の原料であり、日本の産業化の原動力になっていたことはいうまでもない。他方で、朝鮮半島では魚肥はほとんど使われず、棉作では糞灰・堆肥・厩肥が用いられていた。なお、朝鮮半島における魚肥生産額は、不漁期（一九二九～三〇・三七～三八年）をのぞけば、毎年のように増加していった。第Ⅰ部第一章の図2をあらためて見ると、一九三〇年代にイワシは豊漁であったことが読みとれる。

続けて、ニシン漁の動向を示す（中西一九九八・田島二〇一四）。明治にはいって蝦夷地の漁場が解放されるにともない、三井物産・三菱などの巨大中央資本が参入することによって、鰊魚肥市場は激しい流動化と市場構造の再編が生じていく。明治一一年の時点で鰊魚肥は、主として富山・徳島・兵庫・大阪などの特定の府県に輸送されていた。やがて山陽・東海地方にも広まり、三井物産・三菱の参入をきっかけに、明治二〇年代には東京・

神奈川へも移入される。その背景には、千葉県におけるイワシの不漁があった。

そののち、三井物産は国内の鰊魚肥市場から撤退し、明治三〇年代後半には中国東北地方の大豆粕（だいずかす）を大量に輸入するようになった。なぜなら、大豆粕の方がより安価であったからであり、やがて大豆粕が鰊魚肥の地位にとってかわる。その陰で、ニシンの漁獲高は明治二〇・三〇年代がピークで、それ以降は減少の一途をたどっていった。

現在では、船や機器の性能が良くなるなど漁獲能力が高まった一方、イワシ・ニシンもふくめた日本近海の魚が激っているため、水産資源の管理をすることが喫緊の課題となっている。イワシの水揚げ減少には少し歯止めがかかっているものの、ニシンの場合は激減しており、生き残って産卵に来ているわずかな数を獲り続け、きわめて少ない漁獲量に対して、今年は去年より多い少ないと一喜一憂しているのが現状なのだそうだ（片野・阪口二〇一九）。

肥料の近現代史

イワシとニシンが獲れなければ、当然のことながら魚肥が不足してしまう。近代以降、農業を営むために、どのようにしてヒトは肥料を手に入れるようになったのか。

図1には、水田の肥料をめぐるヒトと自然との結びつきを表わしている。縦には江戸前期から現在までの時間軸を、横には地球という空間軸を「水田」「地域内」「国内」そして「海外」と四つに区分して示した。「地域内」というのは、本書の第Ⅰ部に即せば加賀藩領とイメージしてほしい。

ヒトがイネを育てるために、江戸前期から中期までは、おもに人糞・草肥(くさごえ)・厩肥というように、地域内の自給肥料が田んぼに投じられていた。だが、水田がほぼ倍増した江戸中期以降になると、本書で明らかになったように、日本近海を回遊するイワシや蝦夷地で獲られたニシンが、魚肥として加工されて使われていった。

近代にはいると、以下のように新たな肥料が次々と登場する(熊沢一九九〇)。価格の高くなった魚肥に代わって、明治二〇年代以降は中国から大豆粕が輸入されていく。前述した三井物産の活動が、その例としてはあげられる。だが、明治二七年に日清戦争が勃発すると大豆粕の輸入が一時的に途絶え、さらに北海道のニシンも不漁が続いていったため、化学肥料の需要がしだいに高まっていった。

その化学肥料についてみると、明治一〇年に開校した駒場(こまば)農学校(東京大学農学部の前身)では、ドイツ人教師ケルネルらが水田を用いた肥料試験を行なった。こうして稲作の生産

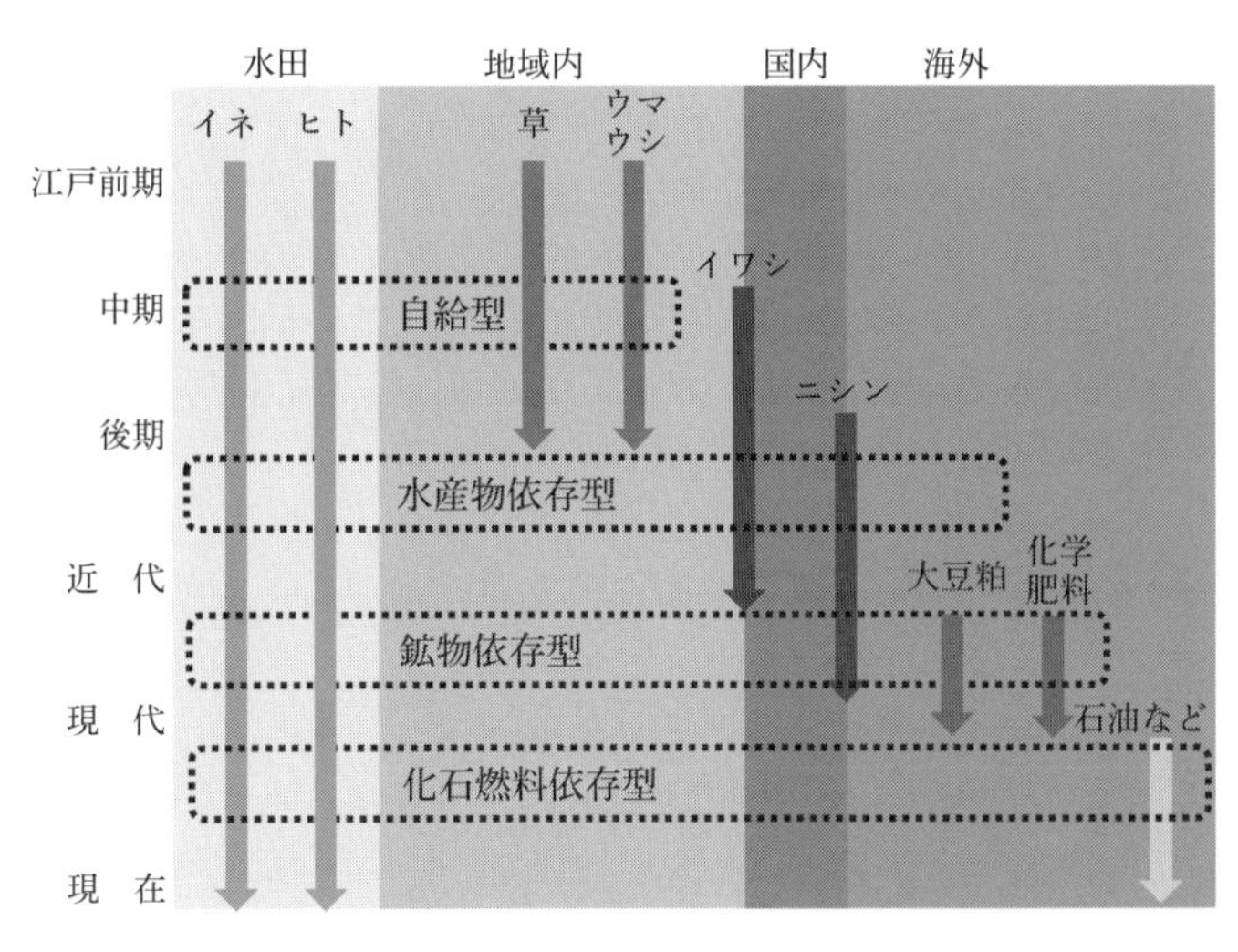

図１　水田（肥料）をめぐる人類史の概念図

力を飛躍的に高める肥料の原料として燐酸が明らかにされ、明治二〇、三〇年代からは過燐酸石灰や硫安などの化学肥料の製造も始まった。

現在では、化学肥料の原料となる石油・天然ガス・リン鉱石などは、そのすべてが輸入されている。この点をふまえたうえで、あらためて図１の空間軸を見ると、水田を維持するがゆえに、肥料を手に入れるヒトの活動範囲が、地球的規模に広がっていく歴史が一目瞭然となる。今の農業は化学肥料に大きく依存し、その反面、従来からの魚肥や自給肥料が果たす役割は、しだいに小さくなっている。結局、江戸時代の百姓たちが喉から手が出るほど欲しがっていたイワシやニシンは、数が減ったこともあり、かろうじて食用に供されている。むろん、肥料として用途のなくなった草の多くは、ただ「雑草」とみなされているにすぎない。

今後の展望

最後にもう一度、イワシ・ニシンと江戸時代との関係から「生き物としてのヒト」の姿をクローズアップしてみよう。

ヒトがその身体を保つためには、必ず食べなければならない。江戸時代において、そうするための主たる食糧は米であった。けれども、その米を食べることによって、ヒトの〈いのち〉が守られるがゆえに、知らずしらずのうちに無数のイワシ・ニシンが肥料として耕地に投じられていたわけである。

近代以降にイワシ・ニシンが獲れなくなると、地域レベルを超えて、しだいに地球全体のいろいろな自然に働きかけることによって、肥料を手に入れて米が生産され、ヒトの〈いのち〉も守られている。しかし、ヒトから自然への圧力が強まる一方であれば、自然それぞれの発展・進化を阻害するだけではなく、最悪のケースでは死滅させるおそれもあろう。ひょっとしたら、現在のイワシやニシンは、そのような成れの果てを示しているのかもしれない。

これまでの歴史は、どうしても人類の「進化」や「発展」に焦点をあわせて描かれてきた。その重要性はわかりきったことである。それでも、ヒトを中心にした発想をしているかぎり、ヒトとそれを取り巻く自然、ひいては地球に未来はないのかもしれない。これを未然に防ぐために何ができるのかを考えるためにも、人類がたどってきた道を俯瞰して、その歩みを何とか少しでも見つめ直していく方法を模索すべきだろう。

繰り返しになるが、イワシにはイワシの歴史が、ニシンにはニシンの歴史があり、それらとヒトが激しくぶつかりあったのが江戸時代だったといえる。ヒトが自然をコントロールできるだけの科学技術をもちあわせていなかったがゆえに、ヒトがイワシやニシンを獲って利用しようとしても、そのツケが回ってきたように、ヒトの弱々しい部分も浮かびあがってきた。そうだとすれば、山、川、海、草木、動物、雨、風といった自然それぞれの歴史と、ヒトの歴史がせめぎあい、もしくは激しくぶつかりあったときには、どのような人類史、自然史、ひいては地球史が見えてくるというのか。

江戸時代は、そのタイミングをとらえる格好の時代といえよう。私たち人類が今後も地球上で生き永らえていくためには、「生き物としてのヒト」のリアルな姿を次々に解明していくことが歴史学の課題のように思えてならない。その結果として浮かびあがってきた問題群を、私たちが切実なものとして受けとめるためにはどうすればよいのか。そのポイントとなるのは、自然それぞれとヒトの〈いのち〉とが、直接的にだけではなく、間接的にもどのように結びついているのかという問いを持つことなのかもしれない。

〈参考文献〉

片野歩・阪口功『日本の水産資源管理』（慶応義塾大学出版会、二〇一九年）
熊沢喜久雄「土壌と肥料　二　近代」（岡光夫・飯沼二郎・堀尾尚志責任編集『叢書近代日本の技術と社会一　稲作の技術と理論』平凡社、一九九〇年）
田島佳也『近世北海道漁業と海産物流通』（清文堂出版、二〇一四年）
中西　聡『近世・近代日本の市場構造』（東京大学出版会、一九九八年）
古田悦造『近世魚肥流通の地域的展開』（古今書院、一九九六年）

あとがき

自然への能動的な関与が顕著な近世にあっても、人間社会の存続は決して自明ではなく、自然史・地球史の動きに大きく左右される危ういものだった。後世から眺めれば、連続が当たり前とみなされる歴史の流れも、じつは大きな自然史のなかで生じる断絶や行き止まりに遭遇しながら、かろうじてたどられた僥倖（ぎょうこう）に過ぎない。

（水本邦彦『村—百姓たちの近世』）

本書の背景には、二〇一一年三月一一日に発生した東日本大震災（以下、三・一一と略記）から一〇年を機に、自然史・地球史の動きから、それに大きく左右された人間社会の歴史の流れを振り返ってみる目的があったことを告白しておく。私たちは三・一一という未曽有の危機を忘れてはならないし、これを考えることを歴史学界の内部にとどめておいてもならない。そこで、一人でも多くの読者のみなさんの手に届くように、本書は一般書のスタイルをとった。今、次の三つのステップを踏んで、ようやく刊行にたどりつこうとしている。

第一のステップは、今から約一〇年前に水本邦彦編『環境の日本史四 人々の営みと近世の自然』(吉川弘文館、二〇一二年)が出版されたことである。まさに原稿を書いている最中に三・一一が起こり、私もふくめた執筆者のあいだに、ピリピリとした空気が張り詰めたことを想い出す。それから六年が経過した時に、日本近世史の立場から「三・一一から一〇年」にむけて何か考えてみようと、水本先生と私との意見が一致した。その際に、『環境の日本史』でとりあげることのできなかった魚問題が浮かびあがったのである。

第二のステップは、本書の執筆者である菊池勇夫先生、高槻泰郎さんと私が、「江戸時代後期の気候変動と食糧供給の研究」というテーマで、公益財団法人住友財団の二〇一八年度環境研究助成を受けたことである。気候変動が今日的に重大で、なおかつ喫緊の課題であることは疑いない。それでも気候変動だけではなく、人間社会に深い影響を及ぼす自然史の動きがあることに気づき、思い切って三人で研究助成を申請することにした。その自然というのがイワシとニシンなのであり、第一のステップから、さらにもう一歩を踏み出すきっかけにもなった。本書の第Ⅰ部第一章と第Ⅱ部第一・二章はその研究助成の成果の一部であり、ここに記して住友財団に深甚の謝意を表す次第である。

第三のステップは、吉川弘文館に本書の刊行をお引き受けいただいたことである。水本先生と話し合い、中村只吾さん、上田長生さん、白川部達夫先生に執筆者として加わってもらうことで、本書の構成は固まった。それから出版するにあたっては、吉川弘文館に依頼することに迷いはなかった。なぜなら、本書は『環境の日本史』の続編というべき内容だからである。私たちの想いを真摯に受けとめ、刊行する決心を固めてくれた石津輝真さんを中心としたスタッフのみなさんに心から感謝したい。

このようなステップを踏んで刊行するにあたって、「ようやく」と表現したのには理由がある。お察しのとおり、新型コロナウイルス感染拡大の余波を受けたからである。三・一一から一〇年後に刊行するために、その二年前から準備を進めてきたものの、コロナ禍の影響で何度も足止めを食らってしまう。それでも、たった一回のオンライン研究会を開いただけで、なんとか刊行にこぎつけることができたことを喜ばしく思う。

さて、本書の成果をふまえつつ、冒頭の一文をヒントにしながら、歴史の流れを一本の線になぞらえてみたとしよう。まずは、ヒトについて、一本の長い線を引いてみる。次に、その脇に、イワシ・ニシンの補助線を引いてみたとする。すると、二つの線は江戸時代で激しくぶつかりあい、それ以降、イワシ・ニシンの補助線は細っている。

同じような方法で、さらにもう一本、ヒトの隣に新型コロナウイルスの補助線を引いたらどうなるのか。長い間、それらは平行線をたどっていたのに、今は衝突してヒトの線の方が揺さぶられている。けれども、イワシ・ニシンの補助線への影響はない。

はたして、ヒトの歴史は、この先も一本の線のまま、はるか彼方の未来まで続いていけるのか。自然史・地球史の大きなうねりのなかで、その線がぐらつき、はかなく消え去る可能性もあるだろう。そのような危機感をただ募らせているだけでは、将来の世代に対して申し開きができない。だからといって、過去を振り返る歴史学に、はたして未来を見すえて何ができるのかというジレンマも抱えている。

こういう現状において、歴史学が主体的な役割を果たすためには、ヒトの歴史の線の側に、いろいろな自然の歴史の補助線を引くことから始めるしかないのだろう。自然史・地球史のなかで、ヒトが自然とどのように関わり生きてきたのかを次々と明らかにしていくことで、これから先もヒトの線をずっと永く伸ばしていけるヒントが見いだせるのではなかろうか。その補助線となるべき自然として何を選ぶのかに、歴史学者の力量が試されている気がしている。

二〇二一年一〇月二二日　猛烈な新型コロナ第五波が収まりつつある日に

武　井　弘　一

執筆者紹介（略歴／現職／主要著書・論文）――掲載順

武井弘一（たけい　こういち）　↓別　掲

中村只吾（なかむら　しんご）
一九八一年　和歌山県に生まれる
二〇一〇年　一橋大学大学院社会学研究科博士後期課程修了
現　在　富山大学学術研究部教育学系准教授
「漁村秩序の近世的特質と自然資源・環境」（『歴史学研究』九六三、二〇一七年）
『生きるための地域史―東海地域の動態から―』（渡辺尚志との共編、勉誠出版、二〇二〇年）

上田長生（うえだ　ひさお）
一九七八年　奈良県に生まれる
二〇〇八年　大阪大学大学院文学研究科博士後期課程修了
現　在　金沢大学人間社会研究域准教授
『幕末維新期の陵墓と社会』（思文閣出版、二〇一二年）
『加賀藩政治史研究と史料』（共著、岩田書院、二〇二〇年）

菊池勇夫（きくち　いさお）

一九五〇年　青森県に生まれる
一九八〇年　立教大学大学院文学研究科博士課程単位取得退学
現　　在　一関市博物館館長・宮城学院女子大学名誉教授
『非常非命の歴史学―東北大飢饉再考―』（校倉書房、二〇一七年）
『道南・北東北の生活風景―菅江真澄を案内として―』（清文堂出版、二〇二〇年）

高槻泰郎（たかつき　やすお）

一九七九年　東京都に生まれる
二〇一〇年　東京大学大学院経済学研究科博士課程修了
現　　在　神戸大学経済経営研究所准教授
『近世米市場の形成と展開―幕府司法と堂島米会所の発展―』（名古屋大学出版会、二〇一二年）

白川部達夫（しらかわべ　たつお）

一九四九年　北海道に生まれる
一九七八年　法政大学大学院人文科学研究科日本史学専攻博士課程単位取得退学
現　　在　東洋大学名誉教授
『江戸地廻り経済と地域市場』（吉川弘文館、二〇〇一年）
『近世質地請戻し慣行の研究―日本近世の百姓的所持と東アジア小農社会―』（塙書房、二〇一二年）

編者略歴

一九七一年　熊本県に生まれる

一九九五年　東京学芸大学大学院教育学研究科修士課程修了

現在、琉球大学国際地域創造学部准教授

〔主要著書〕

『鉄砲を手放さなかった百姓たち』（朝日新聞出版、二〇一〇年）

『江戸日本の転換点』（NHK出版、二〇一五年）

『茶と琉球人』（岩波書店、二〇一八年）

イワシとニシンの江戸時代
人と自然の関係史

二〇二二年（令和四）二月十日　第一刷発行

編　者　武井弘一

発行者　吉川道郎

発行所　株式会社 吉川弘文館

郵便番号一一三―〇〇三三
東京都文京区本郷七丁目二番八号
電話〇三―三八一三―九一五一〈代表〉
振替口座〇〇一〇〇―五―二四四番
http://www.yoshikawa-k.co.jp/

組版＝文選工房
印刷＝亜細亜印刷株式会社
製本＝株式会社ブックアート
装幀＝岸　顯樹郎

ISBN978-4-642-08405-5